Lennart Bengtsson

Digital teknik

Övningsbok

Studentlitteratur

Inlagan är tryckt på miljömärkt papper

Art.nr 733
ISBN 91-44-00140-1

Fjärde upplagan

Printed in Sweden
Studentlitteratur, Lund
Webbadress: www.studentlitteratur.se

Tryckning/år 2 3 4 5 6 7 8 9 10 11 | 02 01 2000 1999 98

Innehåll

Lösningar 47

Förord

Föreliggande övningsbok är anpassad till fjärde upplagan av Danielsson/Bengtsson, Digital teknik. Kapitelnumrering, hänvisningar och val av problem hänför sig alltså till denna.

Bokens första del utgörs av problem, den andra delen av dessas fullständiga lösningar.

Digitaltekniska kunskaper inhämtas bäst genom självständig problemlösning. Att lösningar finns bör alltså inte avhålla, utan snarare uppmuntra, till självstudier.

Linköping i oktober 1996

Lennart Bengtsson

Övningsexempel

2 Talsystem

2.1 Omvandla följande decimala tal till basen 2.

a) 94 b) 43,32

2.2 Omvandla talen ovan till basen

a) 8 b) 16

2.3 Omvandla binärtalet 110111101.11010 till basen

a) 10 b) 8 c) 16

2.4 Ange NBCD-representationen för talen i exempel 2.1.

3 Boolesk algebra och modulo-2-algebra

3.1 Verifiera följande likheter med hjälp av algebraisk manipulation.

a) $xy' + yz' + x'z = x'y + y'z + xz'$
b) $wx + w'y + xyz = wx + w'y$
c) $(x + y' + xy)(x + y')x'y = 0$
d) $(x + y' + xy')(xy + x'z + yz) = xy + x'y'z$
e) $(vw + x + y)(x' + y)(x' + y + z) = vwx' + y$

3.2 Undersök vilka av följande likheter som verkligen gäller. Använd ej perfekt induktion.

a) $wx + y'z' + w'xyz' + wx'y'z = (w + z')(x + y')$
b) $(x + y')(y + z')(z + x') = (x' + y)(y' + z)(z' + x)$
c) $xy + x'y'z = (x + z)(y + z)$

3.3 Bilda inverserna f' till följande uttryck f. Kontrollera riktigheten av resultatet genom att för varje fall visa att $f \cdot f' = 0$ och $f + f' = 1$.

a) $x + yz$
b) $(w + x)(w'y + z)$
c) $wx + x'y + w'yz$

3.4 Enligt de Morgans lag gäller $(x + y)' = x'y'$ och $(xy)' = x' + y'$. Använd dessa samband för att visa

a) $(x + y + z)' = x'y'z'$
b) $(xyz)' = x' + y' + z'$

3.5 Visa följande likheter

a) $xy' + x'y = (xy + x'y')'$
b) $xyz' + xy'z + x'yz + x'y'z' = (x'y'z + x'yz' + xy'z' + xyz)'$

3.6 En grind realiserar $f_{13}(x, y) = x' + y$. Är denna operation tillräcklig i den Booleska algebran?

3.7 Visa att den associativa lagen gäller för modulo-2 addition, dvs. att

$$x \oplus (y \oplus z) = (x \oplus y) \oplus z$$

genom att översätta $\oplus$ till vanliga Booleska operationer.

3.8 Visa att om $x \oplus y = z$ så gäller

a) $x \oplus y \oplus z = 0$
b) $x \oplus z = y$

4 Booleska funktioner. Minimeringsmetoder

4.1 Skriv följande funktioner på disjunktiv och konjunktiv normalform.

a) $xy' + yz' + x'z$
b) $xy + x'z + wyz$
c) $(x + y')[xyz + v'(x + z)] + xyz'(x + x'y)$

4.2 Visa att varje funktion av tre variabler kan realiseras med nedanstående grindnät. Alla variabler finns tillgängliga i såväl rättvänd som inverterad form.

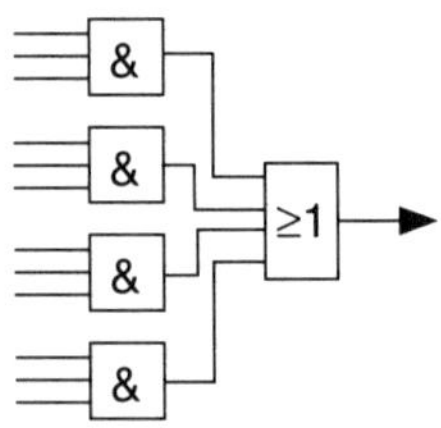

4.3 Visa att antalet primimplikatorer till en Boolesk funktion av n variabler inte kan vara större än 3^n. Ange Karnaughdiagrammet för en funktion f(w, x, y, z) som har flera primimplikatorer än minimalpolynom.

4.4 Visa att det finns $2^{2^{n-1}}$ Booleska funktioner av n variabler sådana att

$$f(x_1, x_2, ..., x_n) = f'(x_1', x_2', ..., x_n')$$

Ledning: Studera den disjunktiva normalformen för vänster- och högerledet.

4.5 Utgå från nedanstående givna nät och ange funktionsuttryck som motsvarar strukturen. Tag därefter fram en disjunktiv och en konjunktiv minimalform och realisera dessa.

a)

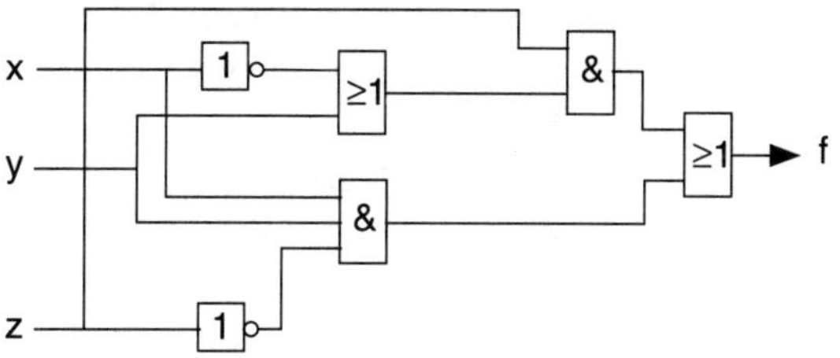

b)

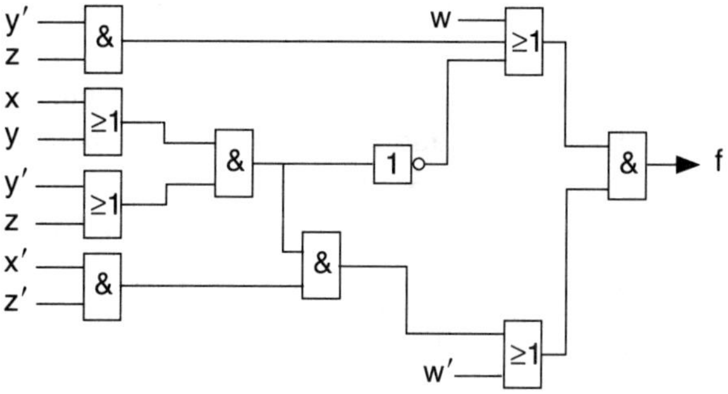

4.6 Bestäm minimala disjunktiva och konjunktiva former för följande funktioner.

a) $\Sigma(0, 2, 4, 8, 10, 12)$

b) $\Pi(0, 1, 4, 5, 10, 11, 14, 15)$

c) $\Sigma(0, 2, 3, 4, 6, 7, 8, 9, 10, 12, 13, 14)$

d) $\Sigma(1, 4, 6, 7, 13)$

e) $\Sigma(1, 3, 7, 13, 15)$

f) $\Sigma(9, 11, 12, 13, 14, 15, 16, 18, 24, 25, 26, 27)$

g) $\Sigma(8, 9, 13, 14, 15, 24, 26, 30)$

h) $\Sigma(8, 9, 10, 11, 17, 19, 21, 23, 25, 27, 41, 43, 44, 45, 46, 47, 56, 57, 58, 59)$

4.7 Bestäm minimala disjunktiva och konjunktiva former för följande funktioner.

a) $\Sigma(3, 5, 7, 11) + d(6, 15)$

b) $\Sigma(1, 4, 5) + d(2, 3, 6, 7, 8, 9, 12, 13)$

c) $\Sigma(3, 5, 7, 11, 12, 29, 31) + d(1, 2, 6, 10, 28)$

d) $\Sigma(1, 3, 5, 8, 9, 11, 15) + d(2, 13)$

e) $\Sigma(4, 5, 7, 12, 14, 15) + d(3, 8, 10)$

f) $\Pi(6, 7, 8, 9, 10, 13, 14, 16, 17, 22, 24, 25, 29) + d(0, 12, 15, 30)$

4.8 Konstruera nät med trådbara NAND-grindar och trådbara inverterare (öppen kollektor-typ) för funktionerna i exempel 4.6 och 4.7.

4.9 Konstruera nät med trådbara NOR-grindar och trådbara inverterare (öppen emitter-typ) för funktionerna i exempel 4.6 och 4.7.

4.10 I nedanstående bantade elorgel styrs själva tongeneratorn med 5 binära signaler. Tonerna genereras för logiska ettor. Elorgeln ska förses med en dissonansspärr i form av ett minimalt kombinatoriskt nät K. Konstruera detta nät så, att man dels kan spela på en tangent i taget, dels spela godtyckliga kombinationer (ackord) på C, E och G. För andra ackord ska orgeln vara tyst. Signalerna c, d, e, f och g = 1 för nedtryckt tangent. Använd trådbara NAND-grindar och trådbara inverterare av typen öppen kollektor.

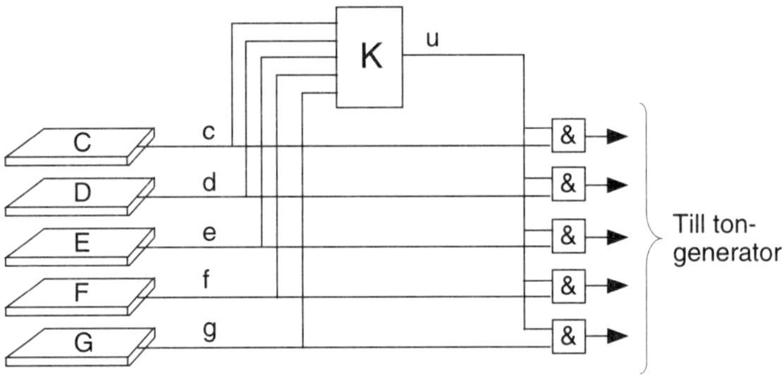

4.11 Konstruera ett kombinatoriskt nät som omvandlar ett 4-bits binärt tal till ett 2-siffrigt NBCD-kodat tal. Använd NOR-grindar och inverterare (ej trådbara). Antalet grind- och inverteraringångar får vara högst 23.

4.12 Konstruera minimala kombinatoriska nät dels med icke-trådbara NAND-grindar och icke-trådbara inverterare dels med trådbara NAND-grindar och trådbara inverterare för följande uppgifter.

a) översättning från NBCD-kod till Excess-3-kod

b) översättning från Excess-3-kod till NBCD-kod

4.13 Använd Karnaughdiagram för att finna en decimal enhetsavståndskod med kodord bestående av fyra binära signaler $<x_1, x_2, x_3, x_4>$. Konstruera därefter ett minimalt kombinatoriskt nät som översätter denna kod till NBCD-kod $<y_8, y_4, y_2, y_1>$. Använd trådbara NAND-grindar och trådbara inverterare av typen öppen kollektor.

4.14 Låt $X = (x_4, x_2, x_1)$ vara ett binärtal. Konstruera ett grindnät med AND-, OR-grindar och inverterare med så få ingångar som möjligt och som genererar $X^2 = <u_{32}, u_{16}, u_8, u_4, u_2, u_1>$.

4.15 Konstruera ett grindnät av typen NAND–NAND som bildar 9-komplementet till en decimal siffra $X = <x_8, x_4, x_2, x_1>$ given i vanlig NBCD-kod. 9-komplementet $Y = <y_8, y_4, y_2, y_1>$ ska också det erhållas i NBCD-kod och alltså uppfylla villkoret $X + Y = 9$ (där + betyder aritmetisk addition). Nätet ska vara minimalt.

4.16 En automatisk monteringsstation för bilkarosser har sju olika arbetsmoment. En kaross kommer på ett löpande band och passerar framför de olika verktygen. Karossens läge avkänns med fyra fotocellgivare, placerade på ett inbördes avstånd som är något mindre än en karosslängd. En givare lämnar logisk ett om den är skymd, annars logiskt noll.

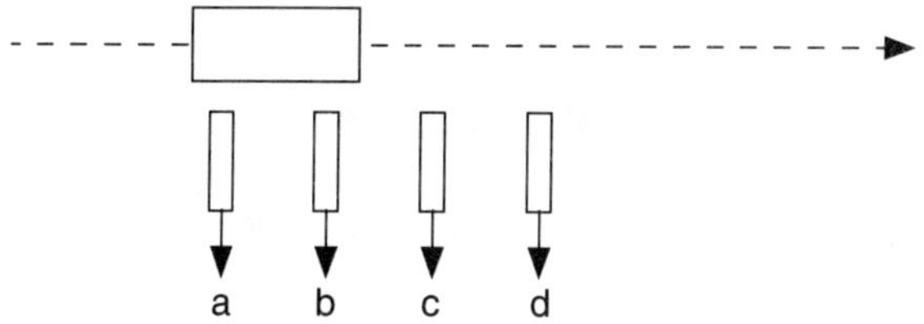

Vid varje läge utförs ett bestämt arbetsmoment:

Står karossen framför givare a utförs arbetsmoment 3
Står karossen framför givare a och b utförs arbetsmoment 4
Står karossen framför givare b utförs arbetsmoment 15
Står karossen framför givare b och c utförs arbetsmoment 8
Står karossen framför givare c utförs arbetsmoment 11
Står karossen framför givare c och d utförs arbetsmoment 6
Står karossen framför givare d utförs arbetsmoment 14

Konstruera ett nät med ingångarna a–d och utgångarna $U = <u_8, u_4, u_2, u_1>$, där U i binärkod anger arbetsmomentet. U = 0 indikerar att ingen kaross står framför givarna eller att ett fel inträffat (t.ex. att två karosser samtidigt finns på bandet). Nätet ska vara minimalt och bestå av NAND-grindar och inverterare (ej trådbara). Grinddelning ska om möjligt utnyttjas.

4.17 Ett grindnät N genererar utgångsfunktionerna

$$u_1 = xy \oplus x'z'$$
$$u_2 = x'y' \oplus xz$$
$$u_3 = x'$$

Visa att det finns ett nät N* som regenererar signalerna x, y, z.

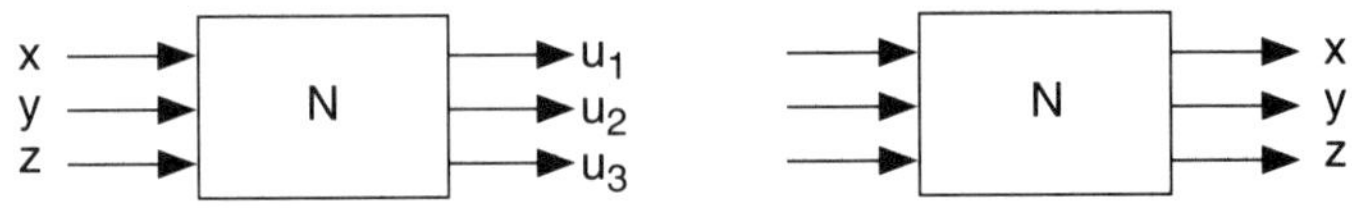

4.18 Funktionen $f = z(xy)' + z'xy$ ska realiseras med NAND-grindar i tre nivåer. Insignaler till nätet ska vara x, y och z. Det är lätt att konstruera ett nät med 5 NAND-grindar. Visa att endast 4 grindar erfordras.

4.19 En tärning har sex mönster av prickar vilka medvetet lagts ut i ett raster av 3×3 ”bildelement” på ett sådant sätt att man snabbt kan uppfatta utfallet:

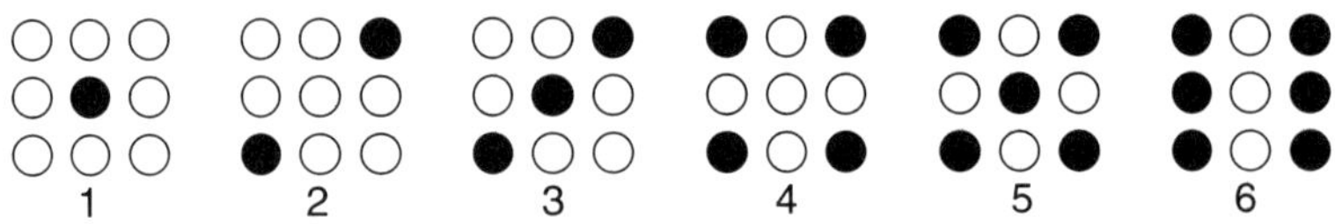

En tablå med 9 lampor ska efterlikna tärningens utfall. Konstruera ett kombinatoriskt nät som styr denna lamptablå. Insignalerna är ett binärkodat tal $X = <x_1, x_2, x_3>$ som antar värdena 1, 2, 3, 4, 5 eller 6. Nätet ska vara minimalt och enbart bestå av trådbara inverterare.

4.20 En enkel fjärrkontroll har fem tryckknappar $x_1 - x_5$. I en del av fjärrkontrollen finns ett kombinatoriskt nät som på sina utgångar $<u_4, u_2, u_1>$ lämnar indexnumret för nedtryckt tangent. Om ingen tangent trycks ner, ska utsignalen vara $<0, 0, 0>$. Nätet innehåller dessutom en funktion som förhindrar multipeltryckning genom att, när sådan inträffar, ut lämna numret på den nedtryckta tangent som har lägst indexnummer. Konstruera det kombinatoriska nätet med AND-, OR-grindar samt inverterare. Antalet ingångar får vara högst 22.

4.21 Konstruera ett kombinatoriskt nät K så, att utsignalen $u = 1$ om och endast om insignalerna $<a, b, c, d, e>$ bildar ett symmetriskt mönster. Använd högst 2 av nedanstående kapslar ur 74-serien (trådning ej tillåten).

SN7400 (innehåller 4 st 2-ingångars NAND-grindar)
SN7402 (innehåller 4 st 2-ingångars NOR-grindar)
SN7404 (innehåller 6 st inverterare)
SN7410 (innehåller 3 st 3-ingångars NAND-grindar)
SN7420 (innehåller 2 st 4-ingångars NAND-grindar)
SN7425 (innehåller 2 st 4-ingångars NOR-grindar)
SN7486 (innehåller 4 st 2-ingångars EXOR-grindar)

4.22 En tärningsläsare består av en liten kvadratisk platta med 9 fotoceller, som kan läggas ovanpå tärningen. Fotocellerna är anslutna till ett kombinatoriskt nät K, som omvandlar ”tärningskoden” till binärkod $U = \langle u_4, u_2, u_1 \rangle$. Fotocellerna fungerar så, att 1 motsvarar prick, 0 ingen prick. Rotationen hos tärningen är okänd, så att en tvåa kan bli  eller , en trea  eller  och en sexa  eller .

Konstruera K med högst två kapslar valda bland nedanstående kapseltyper. Kretsarna är inte trådbara.

- 6 st inverterare
- 4 st 2-ingångars NAND-grindar
- 2 st 4-ingångars NAND-grindar
- 4 st 2-ingångars EXOR-grindar

4.23 En s.k. flash A/D-omvandlare med upplösningen 1/n innehåller n–1 analoga komparatorkopplingar som lämnar följande signaler för olika värden på den analoga spänningen A:

$$x_1 = 1 \text{ när } A \geq E_{ref} \cdot 1/n$$
$$x_2 = 1 \text{ när } A \geq E_{ref} \cdot 2/n$$
.
.
$$x_{n-1} = 1 \text{ när } A \geq E_{ref} \cdot (n-1)/n$$

Komparatorernas utgångar utgör insignaler till ett kombinatoriskt nät, som i binär form anger den analoga spänningen d.v.s. hur många komparatorer som levererar logiskt ett (se även Digital teknik figur 16.19).

Konstruera detta kombinatoriska nät för en A/D-omvandlare med upplösningen 1/8. Valfria grindar får användas och nätet måste vara minimalt.

4.24 Konstruera ett kombinatoriskt nät med insignalerna x, y, z och utsignalerna $u_1 = x'$, $u_2 = y'$ och $u_3 = z'$. Du får använda högst två inverterare men för övrigt hur många AND- och OR-grindar som helst.

5 Speciella kombinatoriska nät

5.1 Konstruera en heladderare med NOR-grindar

a) under förutsättning att trådning ej kan användas

b) under förutsättning att trådning kan användas (grindar med öppen emitter).

5.2 Realisera en carrykedja med NOR-grindar på ett sådant sätt att endast en grindnivå erfordras för varje position.

5.3 I ett additionsnät för 12 bitars tal uppbyggt av heladderare har den mest signifikanta summapositionen ett grinddjup på 24. Strukturera om nätet m.h.a. carryaccellerationsgeneratorer för 4-bits tal så, att nätets maximala grinddjup blir 10.

5.4 Konstruera en adderare för två NBCD-kodade siffror $X = <x_8, x_4, x_2, x_1>$ och $Y = <y_8, y_4, y_2, y_1>$. Summan $X + Y = Z = <z_{10}, z_8, z_4, z_2, z_1>$ ska likaledes produceras i NBCD-kod. Positionen z_{10} kan betraktas som minnessiffra till nästa dekad.

Ledning: Utför först en addition som om X och Y var vanliga binära tal. Om summan $S = <s_{16}, s_8, s_4, s_2, s_1>$ överstiger 9 kan den i ett efterföljande kombinatoriskt nät korrigeras till $Z = <z_{10}, z_8, z_4, z_2, z_1>$ med operationen $Z = S + 6$.

5.5 Modulo 2-addition kan t ex realiseras som

$$(((x_1 \oplus x_2) \oplus x_3) \oplus x_4) \oplus p_5 = (x_1 \oplus x_2 \oplus x_3 \oplus x_4 \oplus p_5)$$

vilket är möjligt tack vare att modulo-2-operationen är associativ. Resultatet är en s.k. paritetskedja. Omvandla denna till ett s.k. paritetsträd genom att gruppera om EXOR-grindarna så att nätets grinddjup blir mindre.

5.6 I en viss enkelfelsrättande kod ingår fyra databitar, <x1, x2, x3, x4>, och tre paritetsbitar, <p1, p2, p3>. (Se kapitel 2 i Digital teknik). Paritetsbitarna bildas som

$$p_1 = x_1 \oplus x_2 \oplus x_4$$
$$p_2 = x_2 \oplus x_3 \oplus x_4$$
$$p_3 = x_1 \oplus x_3 \oplus x_4$$

Vid en dataöverföring antas fel bara kunna inträffa i en enskild bit. Konstruera ett kombinatoriskt nät som utför avkodningsfunktionen, dvs. ett nät med insignalerna $\langle x_1, x_2, x_3, x_4, p_1, p_2, p_3 \rangle$ och utsignalerna $\langle y_1, y_2, y_3, y_4 \rangle$ där y_i överensstämmer med x_i i det ursprungliga meddelandet. Använd valfria grindar.

5.7 Konstruera en fullständig 4/16-avkodare för en så liten kostnad som möjligt med användning av nedanstående typer av NAND-grindar.

Typ

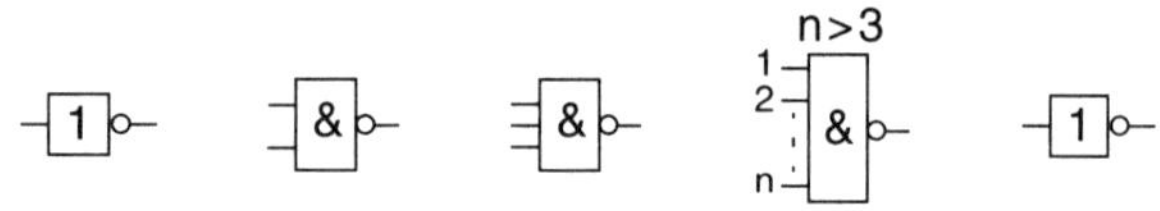

Typ					
Kostnad	2	3	4	n + 2	6
Fan-out	8	8	8	8	25

5.8 Konstruera ett minimalt kombinatoriskt nät som är ekvivalent med nätet i nedanstående figur. Tillåtna komponenter är NOR-grindar och inverterare (ej trådbara).

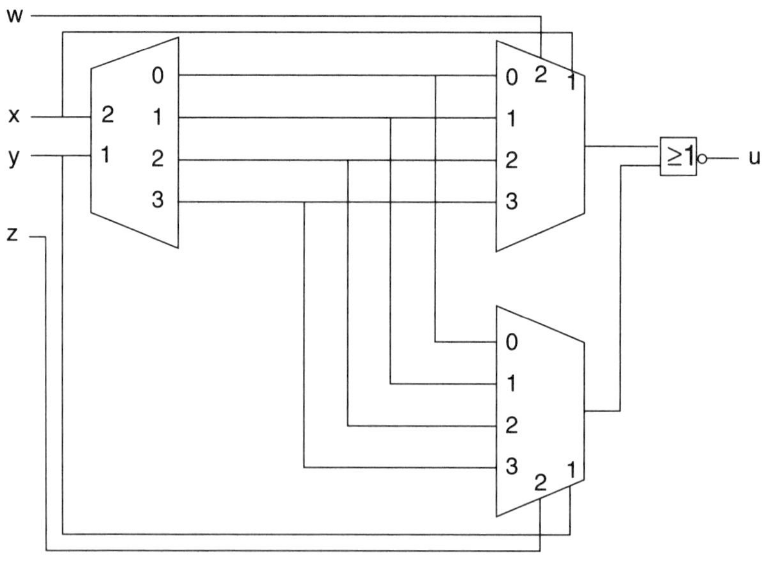

5.9 Använd en 8/1-multiplexer och valfria grindar för att realisera följande funktion

wx \ yz	00	01	11	10
00	1	0	0	0
01	1	1	0	0
11	0	1	1	1
10	0	0	0	1

v = 0

wx \ yz	00	01	11	10
00	0	0	0	1
01	1	0	0	0
11	1	1	1	0
10	1	0	0	1

v = 1

5.10

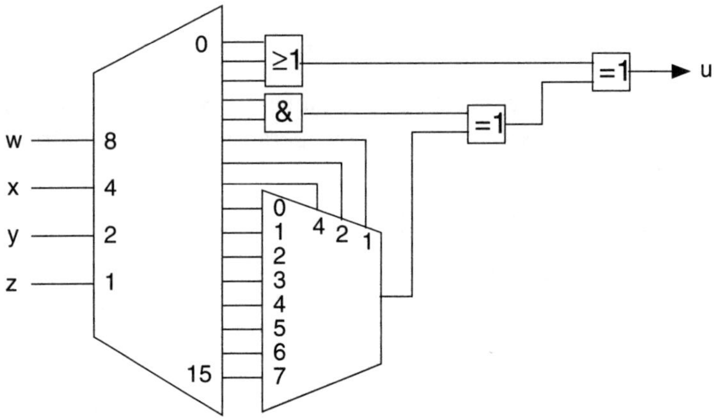

Ersätt ovanstående nät med ett kombinatoriskt nät betående av

a) NAND-grindar och inverterare (ej trådbara). Nätet får ha högst 12 ingångar.

b) enbart 4/1-multiplexrar.

5.11 Ett tal N ($N \leq p$) uttrycks i p-bits termometerkod $X = <x_1, x_2, \ldots, x_p>$ på följande sätt:

$$x_1 x_2 \ldots x_N = 11 \ldots 1, \quad x_{N+1} x_{N+2} \ldots x_p = 00 \ldots 0$$

$$N = 0 \text{ ger } X = 0.$$

Konstruera ett kombinatoriskt nät K som omvandlar 4-bits termometerkod, $X = <x_1, x_2, x_3, x_4>$, till vanlig binär kod, $N = <n_1, n_2, n_3>$.

Nätet ska ge N = <101> i de fall X inte utgörs av termometerkod. Du har tillgång till NOR-grindar (ej trådbara), inverterare och 4/1-multiplexrar. Antalet ingångar i nätet får inte överstiga 25.

5.12 Konstruera ett kombinatoriskt nät, som bildar $U = |X - Y|$. $U = <u_1, u_2>$, $X = <x_1, x_2>$ och $Y = <y_1, y_2>$ är alla 2-bits positiva binära heltal.

Tillåtna komponenter är 4/1-multiplexrar, inverterare, NOR- samt EXOR-grindar. Antalet ingångar får vara högst 14. Komponenterna går inte att tråda.

5.13 Konstruera ett kombinatoriskt nät som utför vissa enkla aritmetiska operationer på ett binärt tal $X = <x_1, x_2>$.

Operationernas resultat är ett binärt tal $Y = <y_1, y_2, y_3>$. Styringångarna $<s_1, s_2>$ bestämmer vilken operation som ska utföras enligt följande tabell:

s_1	s_2	Y
0	0	X
0	1	X + 1
1	0	X + 2
1	1	$2 \cdot X$

Använd NAND-grindar, inverterare och 4/1-multiplexrar. Grindarna är trådbara med öppen kollektorutgång. Totala antalet ingångar får vara högst 25.

5.14 Sjusegmentkoden <a, b, c, d, e, f, g> enligt följande figur ska omvandlas till NBCD-kod $<x_8, x_4, x_2, x_1>$.

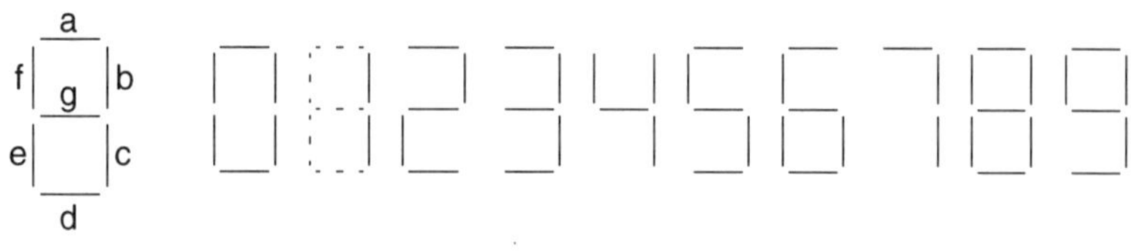

Man har börjat lösa problemet på följande sätt:

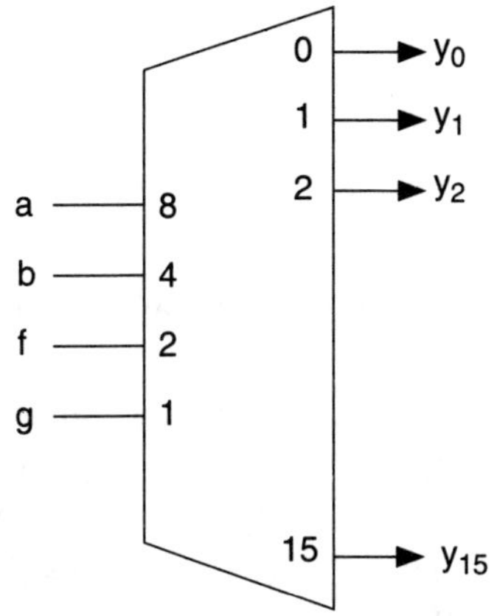

Konstruera ett kombinatoriskt nät med en delmängd av <a, b, c, d, e, f, g, y_0, y_1, ..., y_{15}> som ingångar och <x_8, x_4, x_2, x_1> som utgångar. Använd AND-grindar, OR-grindar och inverterare. Antalet grind- och inverteraringångar får inte överstiga 20.

6 Kretsteknologier

Nedanstående tabell ger nödvändiga parametrar för uppgifterna 6.1–6.5. Matningsspänningen är 5 V.

	TTL	LS-TTL	TTL(o.c.)	HCT*
V_{OH} [V]	2,4	2,7		3,84 (4,4)
V_{IH} [V]	2,0	2,0	2,0	2,0 (2,0)
V_{IL} [V]	0,8	0,8	0,8	0,8 (0,8)
V_{OL} [V]	0,4	0,5	0,4	0,33 (0,1)
I_{OH} [μA]	–400	–400	250	–4000 (–20)
I_{OL} [mA]	16	8	16	4,0 (0,02)
I_{IH} [μA]	40	20	40	
I_{IL} [mA]	–1,6	–0,4	–1,6	

En ström räknas positiv när den flyter in till en krets och negativ när den flyter ut.

* Värdet anger TTL-last repektive CMOS-last.

6.1 Vilken är maximal fan-out för
a) Standard-TTL
b) LS-TTL

6.2 a) En lysdiod ska styras från en TTL-utgång av typen öppen kollektor. Enligt datablad är lysdioden specificerad 10 mA; 1,6 V. Bestäm ett lämpligt värde på kopplingens pull-up-motstånd.

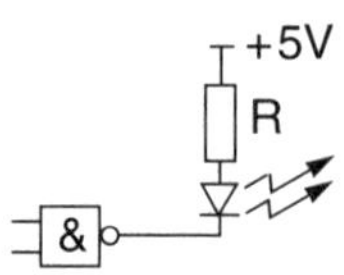

b) Ange en koppling som fungerar om istället en TTL-grind med totem-pole-utgång används.

6.3 Bestäm störmarginalerna när
a) LS-TTL driver HCT
b) HCT driver LS-TTL

6.4 Fyra stycken standard-TTL grindar med öppen kollektorutgångar har trådats samman. Beräkna kopplingens största fan-out (när denna driver TTL) samt ett lämpligt värde på pull-up-motståndet.

6.5 Kopplingen i figuren kan användas för att avstudsa en diskontinuerlig växlingskontakt. (jämför figur 6.38 i Digital teknik). Grindarna är utförda i LS-TTL och motstånden är märkta 1/4 W. Bestäm lämpliga resistansvärden.

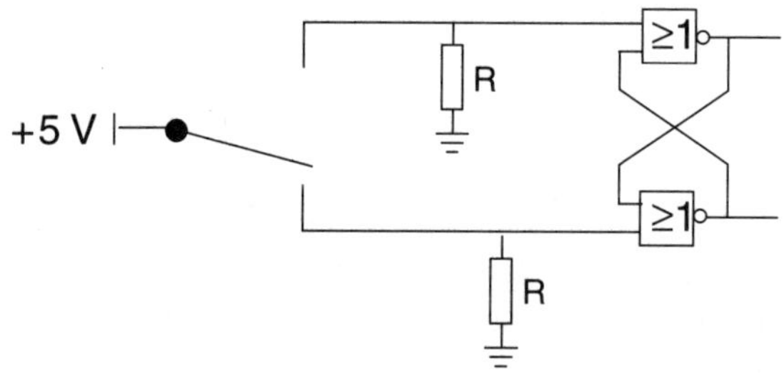

7 Permanenta minnen

7.1 Konstruera ett kombinatoriskt nät med 5 ingångar $X = <x_1, x_2, \ldots, x_5>$ och en utgång u, så att u = 1 om och endast om det binärkodade talet X är jämnt delbart med 3. Använd ett permanentminne om 2^3 ord à 4 bit och lämpliga yttre kretsar. Minnesinnehållet måste anges.

7.2 Ett kombinatoriskt nät har som insignaler två binärkodade tal $X = <x_1, x_2>$ och $Y = <y_1, y_2>$ och som utsignaler det binärkodade talet $U = <u_1, u_2, u_3>$. Nätet har dessutom en insignal s, med vilken nätet kan ges två olika funktioner:

För s = 0 ska $U = |X + Y|$
För s = 1 ska $U = |X - Y|$

Konstruera nätet. Använd 2 st ROM vardera på 2^4 ord à 3 bit försedda med tri-state utgångar samt minimal övrig kombinatorik.

7.3 Nedanstående figur visar en anordning för visning (display) av enstaka tecken. Symbolerna framträder som mönster av lysande punkter i en matris med 7 × 5 lysdioder. $X = <x_1, x_2, x_3>$ och $Y = <y_1, y_2, y_3>$ väljer diod i x- respektive y-led. För z = 1 är den valda dioden tänd, för z = 0 är den släckt. X och Y genomlöper alla värden så fort, att bilden uppfattas flimmerfritt. $B = <b_1, b_2, \ldots, b_7>$ anger i ASCII-kod vilket tecken som ska visas. Skissera hur permanentminnet (ROM) kan vara organiserat om alla versaler och siffror i ISO-alfabetet ska visas. Ange minnesinnehållet för exempelvis symbolerna A och 2.

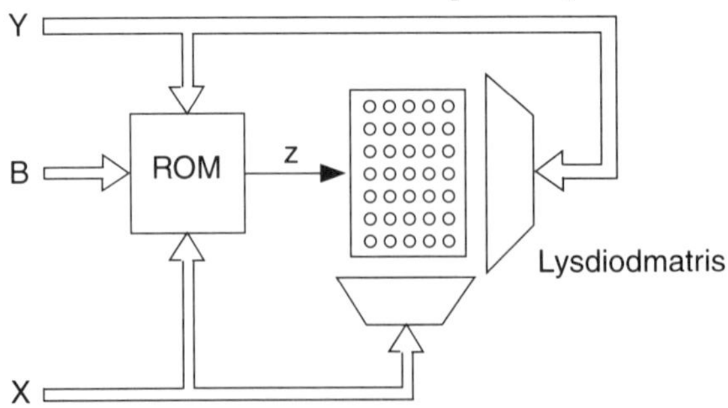

8 Kontaktnät

8.1 Kontaktnät för följande funktioner ska konstrueras. Tag fram en disjunktiv och en konjunktiv minimal form och använd faktorisering för att om möjligt nedbringa antalet kontakter.

a) $\sum(0, 2, 4, 8, 10, 12)$
b) $\prod(0, 1, 4, 5, 10, 11, 14, 15)$
c) $\sum(0, 2, 3, 4, 6, 7, 8, 9, 10, 12, 13, 14)$
d) $\sum(1, 4, 6, 7, 13)$
e) $\sum(9, 11, 12, 13, 14, 15, 16, 18, 24, 25, 26, 27)$

8.2 Realisera kontaktnäten i uppgift 8.1 a), b), c) i CMOS med utgångspunkt från de disjunktiva minimalformerna.

9 Sekvensnätsmodellen

9.1 Ett sekvensnät S har tillståndsgrafen

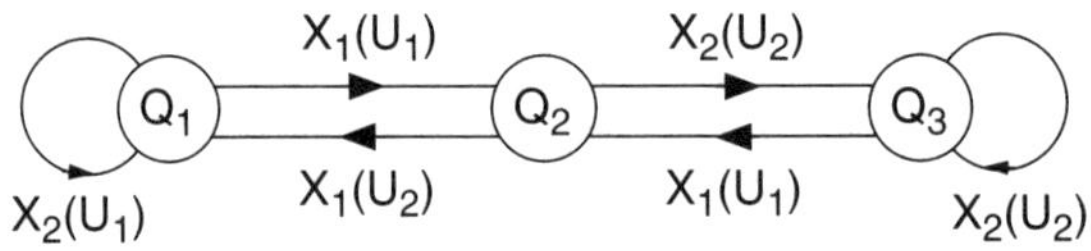

a) Är tillståndsgrafen starkt förbunden?

b) Konstruera δ-λ-tabellen för sekvensnätet S.

c) Ange för sekvensnätet S följande sekvenser

$\delta(Q_1, X_2\, X_1\, X_2\, X_2\, X_2)$
$\lambda(Q_1, X_2\, X_1\, X_1\, X_1\, X_2)$
$\delta(Q_2, X_1\, X_1\, X_2\, X_2\, X_2\, X_1)$
$\lambda(Q_3, X_2\, X_2\, X_1\, X_2\, X_1\, X_2)$

9.2 Ett sekvensnät S representeras av δ-λ-tabellen

δ–λ	α	β	χ
Q_1	$Q_3(1)$	$Q_2(0)$	$Q_4(1)$
Q_2	$Q_2(0)$	$Q_2(0)$	$Q_2(1)$
Q_3	$Q_2(1)$	$Q_2(0)$	$Q_2(0)$
Q_4	$Q_4(0)$	$Q_4(1)$	$Q_4(1)$
Q_5	$Q_4(1)$	$Q_5(1)$	$Q_3(1)$
Q_6	$Q_6(1)$	$Q_6(0)$	$Q_6(1)$

a) Konstruera tillståndsgrafen för sekvensnätet S.

b) Vilka speciella egenskaper karakteriserar tillstånden

(i) Q_1 och Q_5?
(ii) Q_2 och Q_6?
(iii) Q_6?

c) Hur framgår egenskaperna under b) ur sekvensnätets tillståndsgraf respektive δ-λ-tabell?

d) Är tillståndsgrafen starkt förbunden?

9.3 Ett sekvensnät S har följande tillståndsgraf

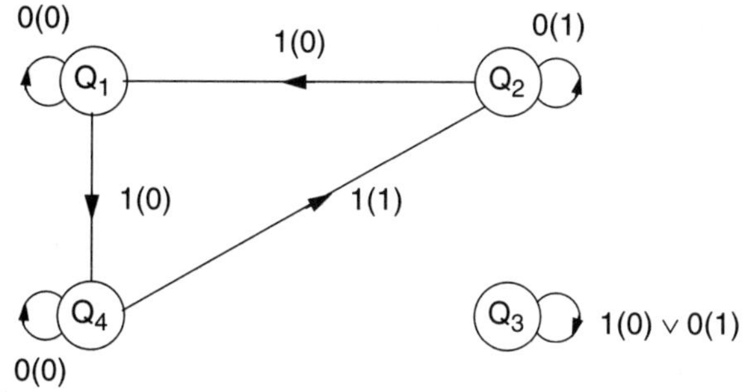

Konstruera S med

a) grindar och D-vippor

b) ett permanentminne och D-vippor.

9.4 Ett synkront sekvensnät har en synkroniserad insignal x och en utsignal u. Konstruera nätet, med NAND-grindar, inverterare och D-vippor, så att u = 1 om och endast om insignalen i de fem senaste klockintervallen varit 11011. Koda tillstånden på två olika sätt och jämför kostnaden för det kombinatoriska nätet. Båda näten ska vara minimala m.a.p. den valda kodningen.

9.5 Konstruera med D-vippor, NAND-grindar och inverterare ett synkront minimalt sekvensnät med en synkroniserad insignal x och en utsignal u. Utsignalen u = 1 när x = 1 uppträtt i exakt 3 st klockpulsintervall. När en eventuell 4:e etta uppträder ska u återgå till 0.

9.6 Två binärkodade positiva tal $x = \langle x_1, x_2, \ldots, x_n \rangle$ och $Y = \langle y_1, y_2, \ldots, y_n \rangle$ inkommer i serieform synkront med klockan, med x_i, y_i samtidigt uppträdande och med mest signifikanta positioner först. Konstruera ett synkront och minimalt sekvensnät med ingångarna x, y och utgångarna $U = \langle u_1, u_2 \rangle$, så att

$$\langle u_1, u_2 \rangle = 00 \text{ för } X = Y$$

$$\langle u_1, u_2 \rangle = 10 \text{ för } X > Y$$

$$\langle u_1, u_2 \rangle = 01 \text{ för } X < Y$$

D-vippor och valfria grindar får användas.

9.7 Konstruera ett synkront och minimalt sekvensnät med en synkroniserad insignal x och en utsignal u så att u = 1 om och endast om σ_x hittills innehållit exakt en grupp av konsekutiva ettor. En ensam etta betraktas som en grupp. Använd D-vippor, NAND-grindar och inverterare.

9.8 Utför tillståndsminimering av nedanstående δ-λ-tabeller.

a)

δ-λ	0	1
1	4(0)	7(0)
2	3(0)	4(0)
3	3(0)	3(0)
4	3(0)	4(1)
5	6(1)	2(0)
6	7(1)	6(0)
7	6(1)	6(0)

b)

δ-λ	0	1
1	6(0)	1(1)
2	3(0)	3(0)
3	4(0)	4(0)
4	5(0)	5(0)
5	5(1)	5(0)
6	1(0)	6(1)

9.9 Utför tillståndsminimering av nedanstående ofullständigt specificerade nät:

a)

δ-λ	0	1
1	1(–)	–(1)
2	4(1)	3(–)
3	6(1)	5(–)
4	5(0)	2(0)
5	3(0)	4(1)
6	1(0)	–

b)

δ-λ	0	1
1	5(1)	–
2	1(0)	3(1)
3	–	8(1)
4	4(0)	2(1)
5	7(0)	1(1)
6	3(0)	–
7	8(1)	7(0)
8	1(0)	3(1)

9.10

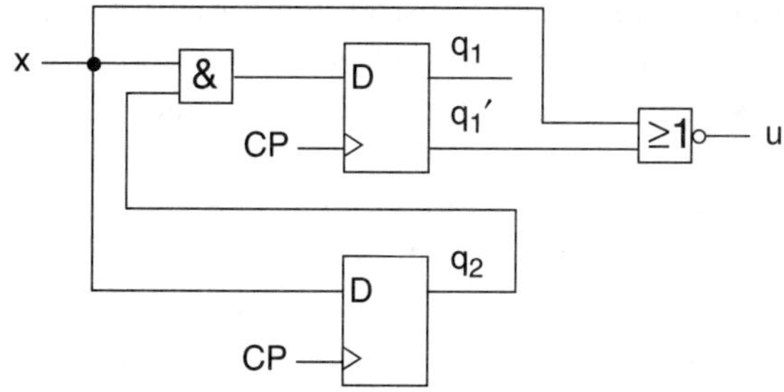

a) Rita tillståndsgrafen för ovanstående synkrona sekvensnät av Mealy-typ.

b) Rita tillståndsgrafen för det synkrona sekvensnät av Moore-typ som utför samma funktion som nätet i a) när dettas starttillstånd är $q_1q_2 = 00$.

c) Konstruera nätet i b) med 2 st D-vippor och ett minimalt nät av NAND-grindar och inverterare.

9.11

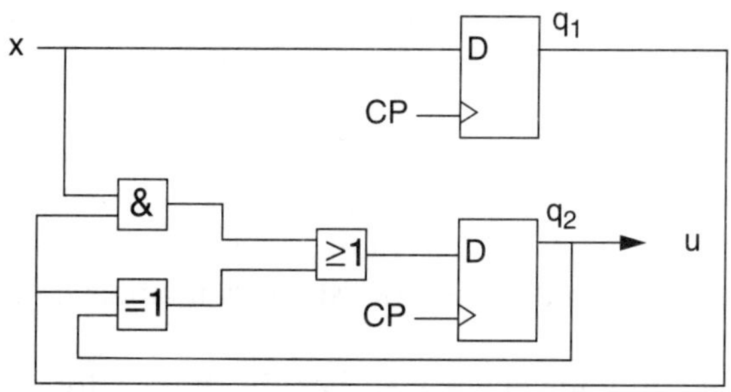

a) Rita tillståndsgrafen för ovanstående synkrona sekvensnät enligt Moore.

b) Rita tillståndsgrafen för motsvarande minimala Mealy-nät.

c) Konstruera nätet i b) med så få D-vippor som möjligt samt med ett minimalt kombinatoriskt nät av NOR-grindar och inverterare.

9.12 Graykodad information i block om 4 bitar levereras i serieform av en synkroniserad informationskälla som signalen x. Konstruera ett minimalt synkront sekvensnät med x som insignal som utan fördröjning (mer än den som oundvikligen uppträder i ett tvånivåers grindnät) genererar en utsignal u, vilken representerar ingångsinformationen i serieform och vanlig binärkod. För båda koderna uppträder mest signifikant position först. Använd D-vippor och valfria grindar.

9.13 Diskutera och skissera en konstruktion för ett sekvensnät med insignal som i övn.ex 9.12, men där minst signifikant position uppträder först i varje block. Kan utgångsinformationen produceras utan fördröjning?

9.14 Binärkodad information i block om 4 bitar levereras i serieform av en synkroniserad informationskälla med signalen x. Konstruera ett minimalt synkront sekvensnät med en utsignal u för vilken gäller att u = 1 om och endast om kodordet inte ingår i NBCD-koden. Utsignalen avläses endast i blockets fjärde intervall. Använd D-vippor och valfria grindar.

Två fall ska behandlas:

a) Mest signifikant position uppträder först.

b) Minst signifikant position uppträder först.

9.15 Konstruera ett iterativt kombinatoriskt nät med n st insignaler $<x_1, x_2, \ldots, x_n>$ och en utsignal u, sådant att u = 1 om och endast om det någonstans gäller att $x_i = 1$, $x_{i+1} = 0$, $x_{i+2} = 0$. Använd AND-, OR-grindar samt inverterare. Samtliga celler ska vara minimala.

9.16 Konstruera ett iterativt kombinatoriskt nät med n st insignaler $<x_1, x_2, \ldots, x_n>$ och en utsignal u som antar värdet 1 om och endast om exakt 3 st av de n insignalerna har värdet 1. Använd AND- och OR-grindar samt inverterare. Samtliga celler ska vara minimala. (jämför ex. 9.5).

9.17 Konstruera en komparator med iterativ struktur för de positiva binära talen $X = <x_1, x_2, \ldots, x_n>$ och $Y = <y_1, y_2, \ldots, y_n>$ sådan att det för de två utsignalerna U = <u1, u2> gäller att

$<u_1, u_2> = 00$ för $X = Y$
$<u_1, u_2> = 10$ för $X > Y$
$<u1, u_2> = 01$ för $X < Y$

Använd valfria grindar. Minimera alla celler. (jämför ex 9.6).

9.18 Ett iterativt kombinatoriskt nät består av 82 identiska celler.

En cell ser ut så här:

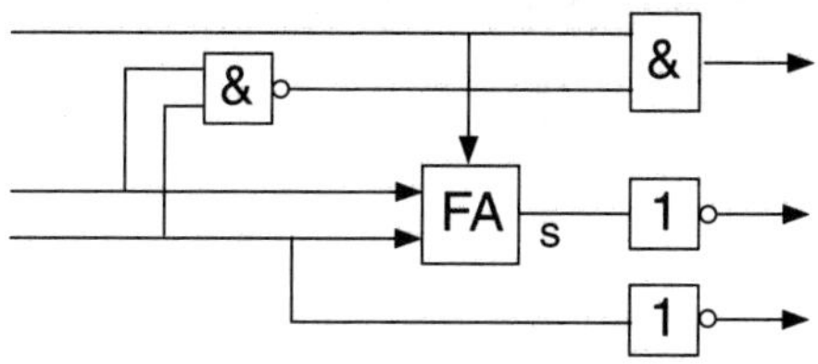

s är heladderarens summautgång.

Ersätt det iterativa nätet med ett kombinatoriskt nät, bestående av AND-, OR-grindar samt inverterare, som är så enkelt som möjligt.

9.19 Konstruera ett iterativt kombinatoriskt nät som med de båda binära talen $X = \langle x_1, x_2, \ldots, x_N \rangle$ och $Y = \langle y_1, y_2, \ldots, y_N \rangle$ som insignaler ger ett binärt tal $U = \langle u_1, u_2, \ldots, u_N \rangle$ enligt följande:

$$
\begin{aligned}
s = 0 \Rightarrow \quad & U = X \text{ om } X \geq Y \\
& U = Y \text{ f.ö.} \\
s = 1 \Rightarrow \quad & U = X
\end{aligned}
$$

Använd AND-, OR-grindar samt inverterare. Samtliga celler måste vara minimala.

10 Synkroniseringsproblemet. Klockade vippor

10.1 Bestäm den sekvens som nedanstående autonoma nät förr eller senare hamnar i.

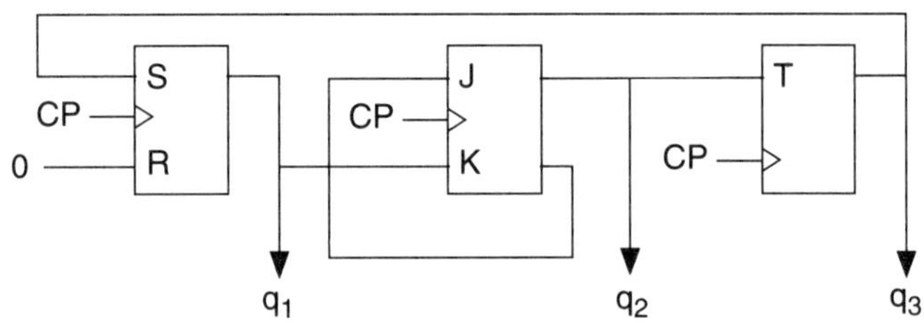

10.2 Konstruera ett sekvensnät ekvivalent med nedanstående. Använd ett minimalt grindnät samt

a) D-vippor b) T-vippor c) SR-vippor d) JK-vippor

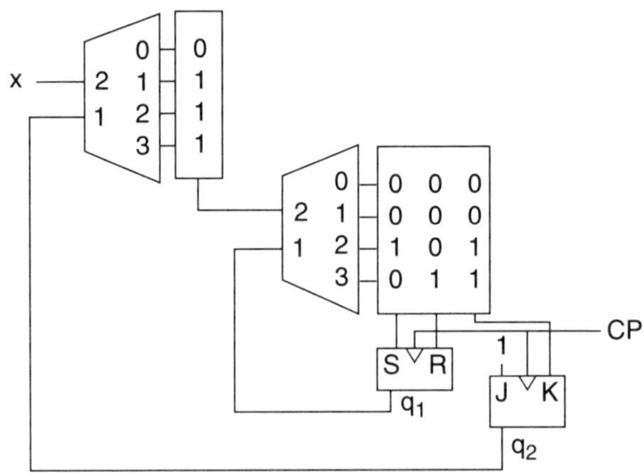

10.3 Konstruera ett med nätet i uppgift 10.2 ekvivalent sekvensnät. Använd EF-vippor samt ett minimalt nät av valfria grindar. EF-vippans funktion framgår av figur.

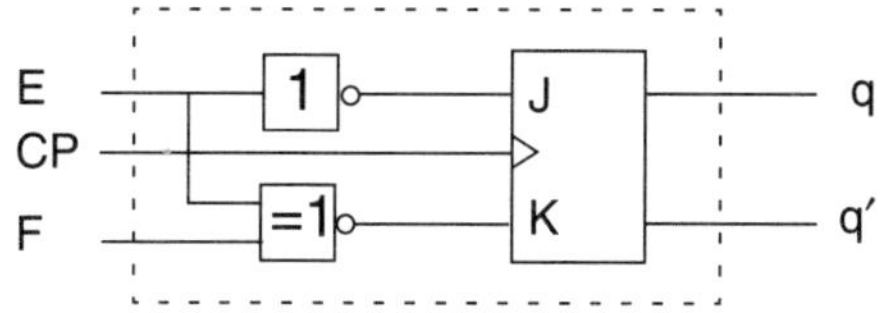

10.4 Konstruera sekvensnätet i exempel 9.6 med JK-vippor.

10.5 Konstruera en synkron 2-bits binärräknare med styrsignalerna s_1 och s_2. Räknarens funktion för olika värden på styrsignalena ska vara enligt tabell:

s_1	s_2	Funktion
0	0	Nollställning
0	1	Räknaren står stilla
1	0	Uppåträkning
1	1	Nedåträkning

Tillåtna komponenter är T-vippor, trådbara NAND-grindar och trådbara inverterare. Nätet ska vara minimalt.

10.6 Konstruera ett synkront sekvensnät för seriell addition av två binära tal. Använd en SR-vippa samt NAND-grindar och inverterare. Insignalerna kan antas vara synkroniserade.

10.7 Ett ackumulatorregister är en uppsättning klockade vippor $<q_1, q_2, \ldots, q_n>$ vilkas tillstånd definierar ett tal Q. Till detta tal adderas ett tal $Y = <y_1, y_2, \ldots, y_n>$ och summan placeras i ackumulatorregistret. Se figur.

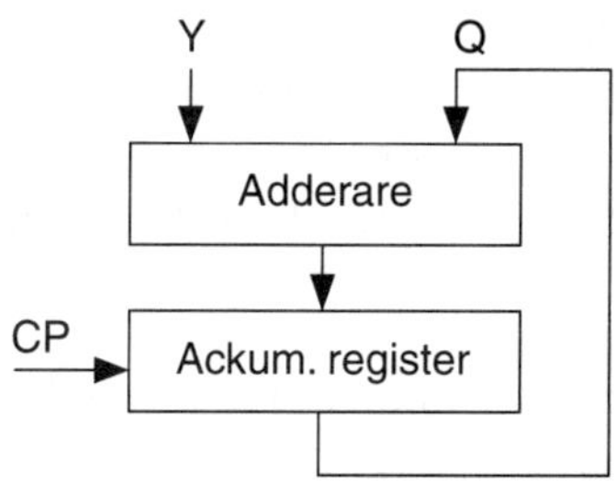

Rita ett schema för en position av adderaren och ackumulatorregistret då det senare består av

a) D-vippor

b) T-vippor

För adderaren får valfria grindar användas.

10.8 Vipporna i nedanstående sekvensnät är försedda med asynkrona nollställningsingångar, vilka aktiveras sedan matningsspänningen slagits till men innan klockan startats. Konstruera ett, under dessa förutsättningar, ekvivalent sekvensnät med 2 st JK-vippor och minimalt kombinatoriskt nät av valfria grindar.

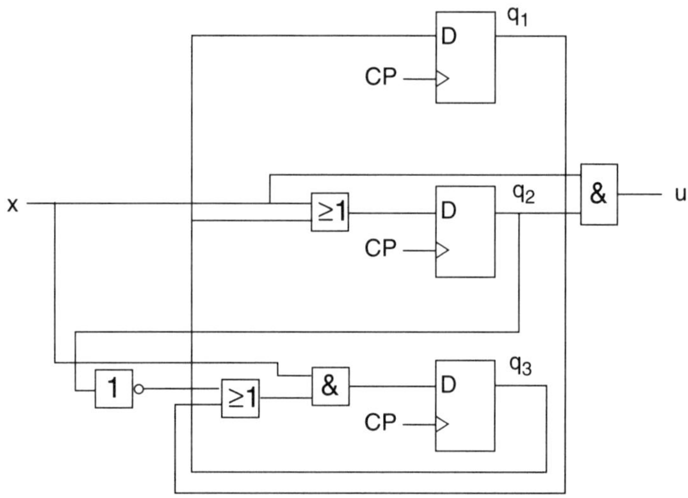

10.9 Under rälsen på ömse sidor om en järnvägskorsning finns två givare som lämnar de studsfria och synkroniserade signalerna x_1 respektive x_2. Om ett tåg befinner sig över givaren är $x_i = 1$, annars är $x_i = 0$. Konstruera ett synkront sekvensnät som tänder ljuset vid korsningen ($u = 1$) när någon del av ett tåg befinner sig mellan givarna. Här kan endast ett tåg i taget befinna sig och tåget ändrar då aldrig sin rörelseriktning. Klockfrekvensen är hög.

Använd 2 st JK-vippor samt ett minimalt nät av trådbara NAND-grindar och trådbara inverterare.

10.10 Ett stöldlås för bilar fungerar så att endast följande procedur möjliggör start:

1 Slå på tändningen
2 Slå på höger körriktningsvisare
3 Slå av tändningen
4 Slå av höger körriktningsvisare
5 Slå på tändningen

Alla andra sekvenser leder till ett sluttillstånd som inte går att komma ur utan fackmannahjälp.

a) Ange ett nät som synkroniserar de ej studsfria signalerna från tändnings- och körriktningsomkopplarna. Godtyckliga slut- och brytfunktioner får antas.

b) Konstruera ett synkront sekvensnät med insignaler enligt a) och en utsignal u, som driver tändningsrelät (u = 1 möjliggör start och drift). Använd valfria vippor och valfri kombinatorik.

10.11 Ett synkront sekvensnät har en utsignal u samt en synkroniserad insignal x, som ändrar sig högst vartannat klockpulsintervall. Nätet ska filtrera bort sådana störningar på den osynkroniserade insignalen, vilka ger sig tillkänna som pulser med varaktigheten ett klockpulsintervall på x. (Gäller ”1-pulser” såväl som ”0-pulser”). För övrgt ska insignalen x återfinnas på u med minsta möjliga fördröjning. Konstruera sekvensnätet med 2 st T-vippor och ett minimalt nät av NOR-grindar och inverterare.

10.12 Konstruera ett synkront autonomt sekvensnät som på fem lysdioder cykliskt genererar nedanstående ”tärningsmönster”. Oavsett hur vipporna ställer sig vid spänningstillslag ska rätt sekvens börja genereras efter högst ett klockpulsintervall.

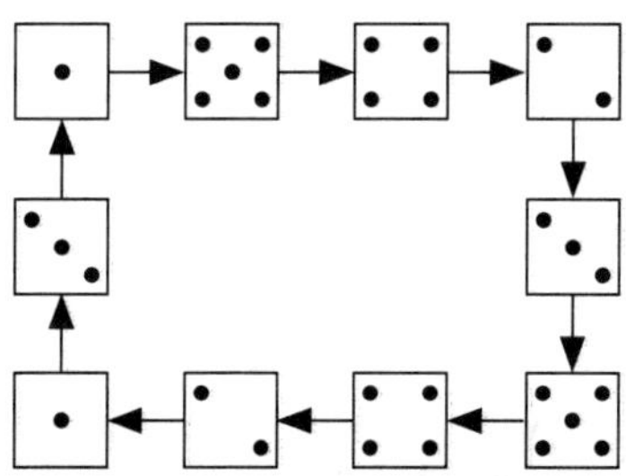

Använd 4 st D-vippor och ett ROM med kapaciteten 64 bitar.

10.13 En 3-bits räknare med en synkroniserad insignal, x, ska då x = 0 genomlöpa sekvensen 000, 010, 101, 011, 100, 110, 001, 111, 000 … . När x = 1 ska sekvensen 010, 101, 011, 100, 110, 001, 010,…. genereras dvs. tillstånden 000 och 111 ska överhoppas.

Konstruera räknaren med JK-vippor och ett minimalt kombinatoriskt nät bestående av NAND-grindar och inverterare (grindarna är inte trådbara). När omkoppling görs från lång (x = 0) till kort sekvens (x = 1) måste rätt sekvens börja genereras efter högst ett klockpulsintervall.

10.14 En person önskar konstruera en tipssnurra med varierbart utfallsrum att användas för stryktips (utfallet ska alltså vara 1, x eller 2). Utfallsrummet väljs med två studsfria signaler, a och b, så att

a	b	Sannolikhet för	1	x	2
0	0		1/3	1/3	1/3
0	1		1/2	1/4	1/4
1	0		1/4	1/2	1/4
1	1		1/4	1/4	1/2

Utfallet ska visas på 3 st lysdioder, en för vardera 1, x, 2. ”Snurran” startas/stoppas med den studsfria signalen s. Signalerna a och b ändras bara när snurran står stilla.

Konstruera ovan beskrivna tipssnurra med ett minimalt antal T-vippor, var och en med en tillhörande 2/1-multiplexer enligt figur, med 4/1-multiplexrar samt med NOR-grindar och inverterare.

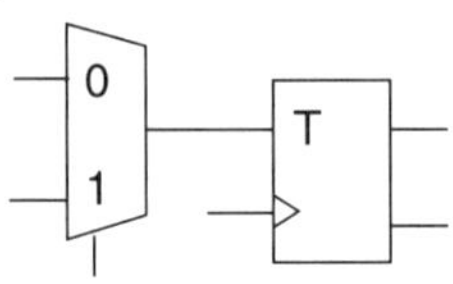

10.15

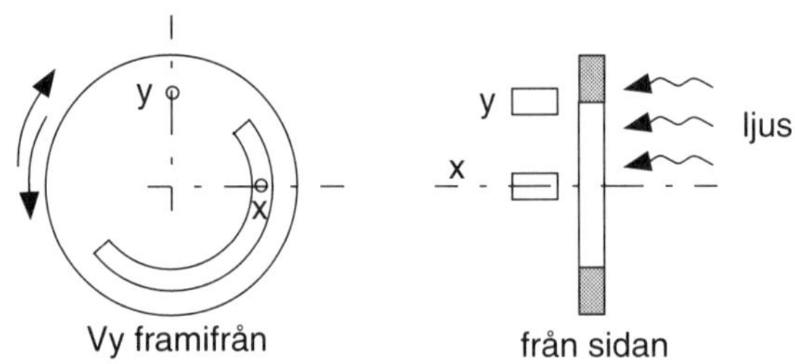

För att kunna mäta rotationsriktningen hos en skiva har i denna frästs ett spår som täcker 180°. Skivan belyses från ena sidan. Nära den motsatta sidan finns mitt för spåret och i 90° vinkel två fotoceller med de studsfria utsignalerna x och y, som antar värdet 1 vid belysning och 0

annars. Konstruera ett synkront sekvensnät S med x och y som insignaler och med en utsignal u som driver en lampa L, så att L lyser vid kontinuerlig medurs rotation men är släckt vid moturs rotation. Systemet ska fungera även vid retardation – ändring av rotationsriktningen – acceleration och indikeringen ska vara korrekt högst ett varv efter det rotationsriktningen ändrats.

Använd ett minimalt nät av JK-vippor, NOR-grindar och inverterare. Klockfrekvensen är 1 MHz. Skivans varvtal är normalt 50 Hz.

10.16 Till ett rum som rymmer högst två personer kan passage in och ut bara ske genom en medurs roterande svängdörr. Rummet ska förses med automatisk belysning och därför har man i karmarna monterat in två IR-sensorer, x_A och x_B. Dessa lämnar studsfria och synkroniserade signaler och ger logiskt ett när värme detekteras, annars logiskt noll. Man önskar ett synkront sekvensnät som tänder lampan i rummet (u = 1) när någon person befinner sig där. När rummet är tomt ska lampan vara släckt. Klockfrekvensen är åtskilliga MHz.

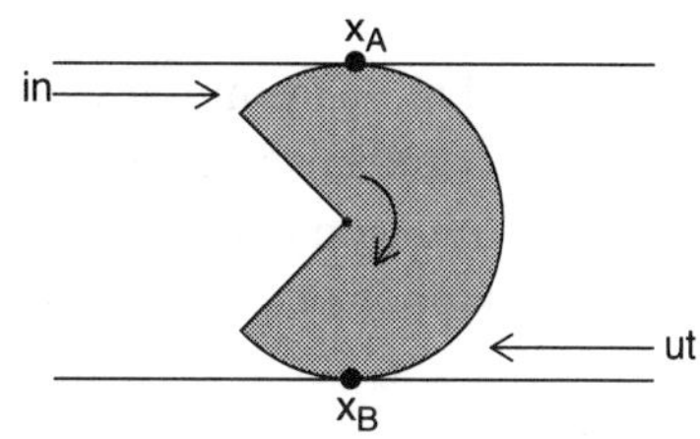

Konstruera nätet med JK-vippor samt ett minimalt nät av NAND-grindar och inverterare.

10.17

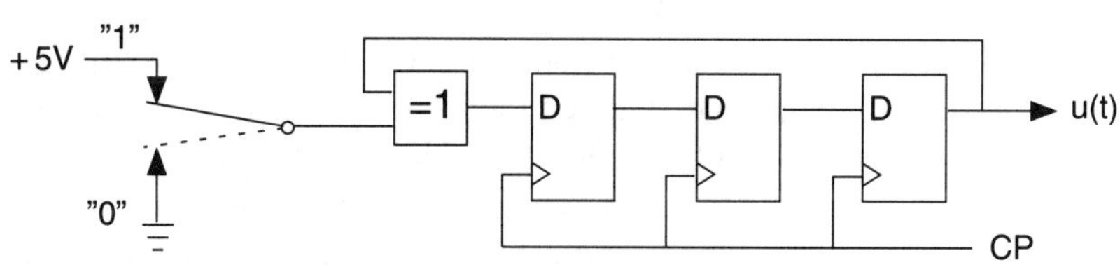

Efter det att omkopplaren slagits om till läget 1 eller 0 studeras den stationära signalen u(t) på ett oscilloskop.

a) Ange de sekvenser som kan uppstå på u(t).

b) Konstruera ett autonomt sekvensnät som drivs med samma klockpulssignal och som parallellt genererar samtliga sekvenser som uppkom i fall a). Använd T-vippor och valfri kombinatorik. (Valfritt starttillstånd får antas).

c) Ersätt switchen i ovanstående nät med ett kombinatoriskt nät med vipputgångarna som ingångar så att den stationära signalen u(t) alltid blir den längsta sekvensen i a), oberoende av hur vipporna ställer sig vid spänningstillslag.

11 Speciella synkrona sekvensnät

11.1 Konstruera en synkron modulo-7-räknare i vanlig binärkod. Tillstånd (111) ska inte användas. Framräkningen är villkorligt beroende av en synkroniserad signal x så att räkning sker endast om x = 1. Tag fram funktionsuttrycken för de fall räknaren realiseras med SR-vippor, T-vippor respektive JK-vippor.

11.2 Konstruera en synkron autonom dekadräknare där tillstånden ges i Excess-3 kod. Använd NAND-grindar och JK-vippor.

11.3 Konstruera en reversibel dekadräknare med trådbara NAND-grindar och JK-vippor. Konstruktionen ska inkludera carrysignaler (fram- och backvillkor) till närmast högre dekad.

11.4 Konstruera en synkron autonom binärräknare med 10 positioner (1024-räknare), med en konventionell iterativ carrykedja bestående av två NAND-grindar/steg och med T-vippor. Antag att fördröjningen per grind är 5 ns, att vippans fördröjningstid (t_{pd}) är 40 ns (tiden från klockning till dess att q-värdet är utbildat) samt att vippans set-up tid (t_{su}) är 20 ns (den tid före klockflanken som vippans T-värde måste vara stabilt). Vad blir den maximala klockpulsfrekvensen? I hur stor del av klockpulsintervallet kan signifikant information avläsas?

11.5 Vilken blir den maximala klockfrekvensen för en ripple-carryräknare med 10 positioner om vippans fördröjning t_{pd} = 40 ns och set-up tiden t_{su} = 20 ns? I hur stor del av klockpulsintervallet kan signifikant information avläsas vid klockfrekvenserna

20 MHz

4 MHz

1 MHz

11.6 Skissera hur en omvandling från ett talsystem till ett annat kan göras med hjälp av räknare. Se blockschema.

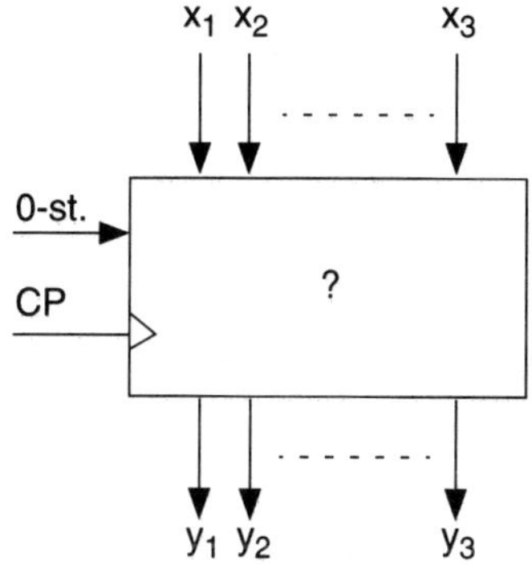

Ledning: Använd två räknare med räknevillkor och nollställningsmöjlighet samt en komparator.

Lämpligt exempel: omvandling från binärt tal till NBCD-kodat tal.

11.7 För att bestämma tyngdaccellerationen (g) avser man att mäta den tid det tar för en boll att falla en given sträcka och använder en anordning bestående av två fotoceller, ett synkront sekvensnät och en synkron binärräknare.

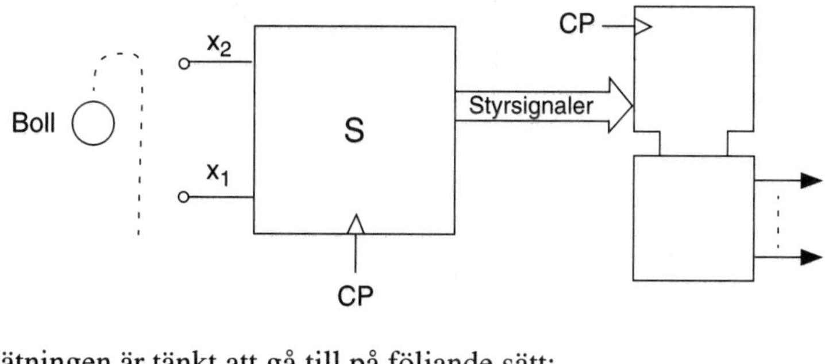

Mätningen är tänkt att gå till på följande sätt:

Bollen ska kastas vertikalt uppåt och vända exakt när den skymmer fotocell x_2. När bollen på nergång sedan passerar fotocell x_1, ska räknaren ha räknat det antal klockpulsintervall det tog för bollen att falla sträckan $x_2 - x_1$. Räknevärdet ska ligga kvar. Om bollen inte vänder exakt mitt för x_2 blir mätningen felaktig och räknaren ska då nollställas.

Givarna x_1 och x_2 lämnar studsfria och synkroniserade signaler. De ger logiskt ett när de är skymda, annars logiskt noll. Konstruera anordningen med en binärräknare av valfri typ, 2 st JK-vippor samt ett minimalt kombinatoriskt nät av NAND-grindar och inverterare. Klockfrekvensen är åtskilliga MHz.

11.8 Använd komponenter av nedanstående slag:

- 4-bits räknare med ingångar för count enable och clear
- 4-bits register med ingångar för load och clear
- 4-bits komparator med utgångar för vardera <, = och >.

för att bygga ett sekvensnät med insignalerna $X = \langle x_8, x_4, x_2, x_1 \rangle$ och utsignalerna $U = \langle u_8, u_4, u_2, u_1 \rangle$ och $V = \langle v_8, v_4, v_2, v_1 \rangle$ sådant att nätet om det matas med en sekvens av X_i, $i = 0, 1, 2, \ldots, 15$, producerar $U = \max X_i$ och $V = i$ (dvs. det i för vilket max erhållits). Om flera största tal finns ska V ange det högsta indexet. X får antas vara synkroniserad. Klockintervallet innan X_0 uppträder anländer en puls (ett klockintervall lång) på ingången START.

11.9

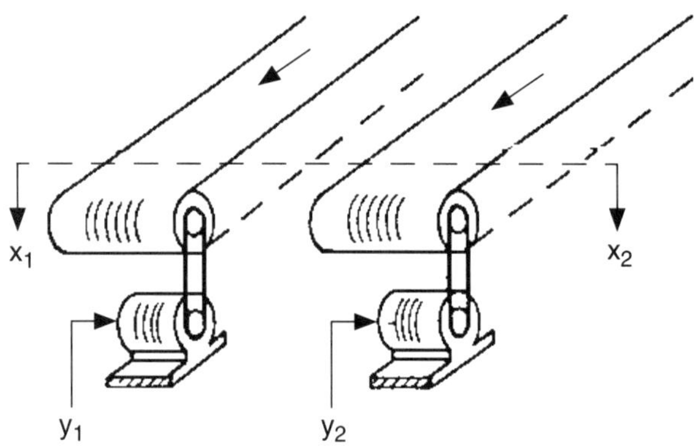

Figuren visar två transportband. För styrsignalerna y_1 och y_2 gäller att motorerna går när $y_i = 1$. I slutet av banden finns två ljusstrålar med fotoceller, som genererar signalerna x_1 och x_2. För dessa gäller att $x_i = 1$ då ljusstrålen bryts av ett passerande föremål och att de är studsfria.

Konstruera ett synkront sekvensnät som styr banden så att skillnaden mellan antalet föremål som lämnar det ena bandet och antalet föremål som lämnar det andra är högst ett. Banden ska stå stilla så lite som möjligt. Mellan varje föremål finns alltid en liten men dock lucka.

Förutom inverterare, valfria grindar och vippor får multiplexrar, ROM och godtyckliga typer av räknare användas. Klockfrekvensen är 1 MHz.

11.10 Två skiftregister S_1 och S_2 är försedda med ett gemensamt skiftvillkor V. I registren finns lagrade en serie binära tal X i området $0 \leq X \leq 3$ så att $X = <x_1, x_2>$ där x_1 och x_2 är de två registrens utsignaler. De binära talens summa ska lagras i en synkron räknare som har ett räknevillkor W. Konstruera ett synkront sekvensnät med vars hjälp talen X i skiftregistren kan ackumuleras i räknaren. Använd ett minimalt nät av JK-vippor och valfria grindar.

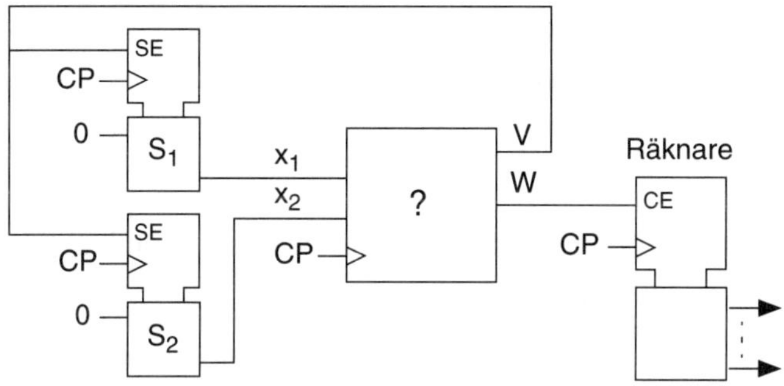

11.11 Konstruera med fem stycken D-vippor en PRBS-generator som har maximal periodlängd.

11.12 En apparat för test av kombinatoriska nät med fyra ingångar och en utgång ska konstrueras. Apparaten ska på en oscillskopskärm visa Karnaughdiagrammet för det testade nätet. Ett rutmönster har därför satts fast på skärmen och lysande punkter ska genereras i de rutor som ska ha ettor i Karnaughdiagrammet.

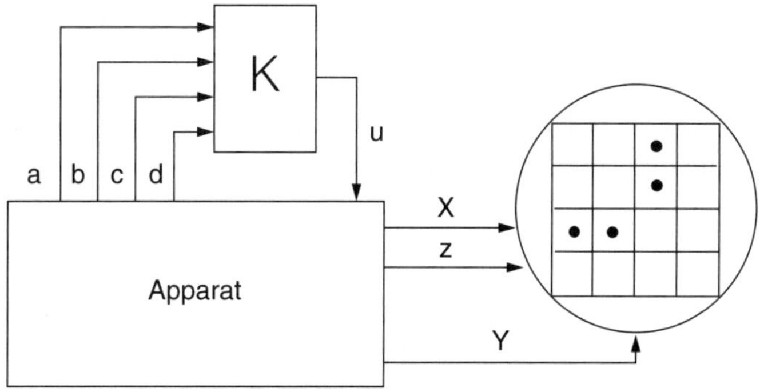

Konstruera apparaten. Använd 2-bits D/A-omvandlare för att styra oscilloskopets avlänkning i X- och Y-led. Strålen tänds/släcks via oscilloskopets Z-ingång ($z = 0 \Rightarrow$ släckt stråle, $z = 1 \Rightarrow$ tänd stråle). Övriga tillåtna komponenter är binärräknare av valfri typ samt valfria grindar.

11.13 På ingången x till det synkrona sekvensnätet S inkommer seriellt och synkront en följd av NBCD-kodade tal. Ett tal uppträder med minst signifikant bit först och mest signifikant bit följs omedelbart (nästa klockintervall) av nästa tals minst signifikanta bit. S ska omkoda de inkommande talen så att dessa på utgången, y, uppträder seriellt i Excess-3 kod med minst signifikant bit först.

Exempel:

σ_x:	1 0 1 0	1 0 0 1	----------
σ_y:	0 0 0 1	0 0 1 1	----------
	5	9	

Konstruera S med 3 st D-vippor och valfri kombinatorik.

11.14 Temperatursensorn SMT160-30 består av en A/D-omvandlare med pulsbreddsmodulerad frekvensutgång. Temperaturens digitala värde anger hur stor andel av den konstanta periodtiden T som u = 1.

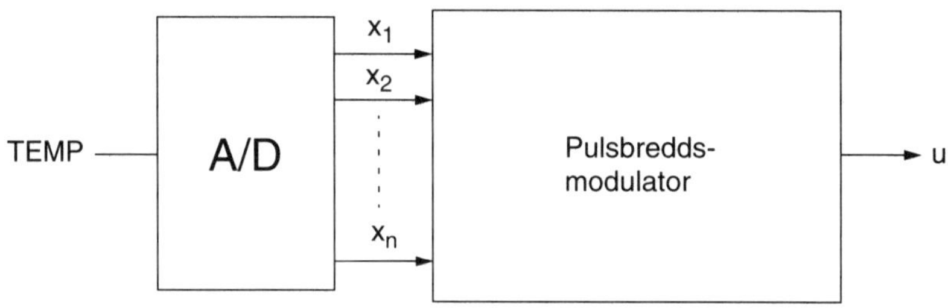

Konstruera denna temperatursensor. Använd en n-bitars A/D-omvandlare, en binärräknare av valfri typ, en komparator med ”lika med”-utgång samt valfria grindar och vippor. (För X = 0 ska u konstant vara = 0).

11.15 En spänningsstyrd oscillator (VCO) genererar en symmetriskt fyrkantsvåg vars frekvens bestäms av en analog insignal. Konstruera en sådan VCO med en n-bitars A/D-omvandlare, en binärräknare av valfri typ, en komparator med ”lika med”-utgång samt valfria grindar och vippor.

11.16 Ett tangentbord består av 10 st vanliga återfjädrande studsbehäftade enkelpoliga strömbrytare av typen —o‾o—, en för vardera av talen 0–9. Konstruera ett sekvensnät sådant, att nedtryckningen av en tangent initierar sändning av motsvarande NBCD-kod i serieform på utgången u. Minst signifikant bit ska sändas först. Samtidigt med att den minst signifikanta biten sänds, ska signalen SYNK ha värdet 1, f.ö. 0. (Med andra ord utsänds synk = 1, 0, 0, 0 samtidigt med u = u_1, u_2, u_4, u_8.)

För konstruktionen får valfria grindar och vippor användas. Det får antas att inga knappnedtryckningar sker under pågående sändning.

11.17 En s.k. linjegenerator ska konstrueras. Informationen är given i nedanstående format.

0	1	2	3	4	5	6	7	8	9	10
	t				sin φ			cos φ		

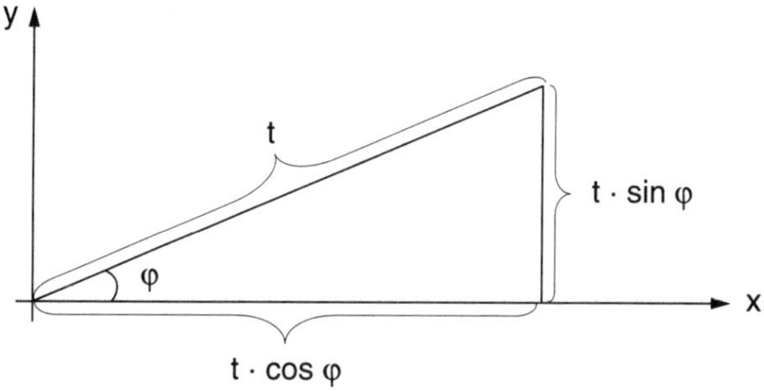

Sin och cos är alltså de normerade komposanterna och t är sträckans absolutbelopp mätt i antal inkrement. Sträckan t anges med tre bitars precision, sin och cos med fyra bitars 2-komplementrepresenterade tal.

Konstruera ett sekvensnät som utför binär frekvensmultiplikation och producerar inkrement dx, dy i önskad omfattning. Sekvensnätet ska nå ett sluttillstånd när inkrement motsvarande sträckan t har genererats.

11.18 Två reversibla räknare med vardera 8 positioner styr via D/A-omvandlare läget av en katodstråle enligt nedanstående blockschema.

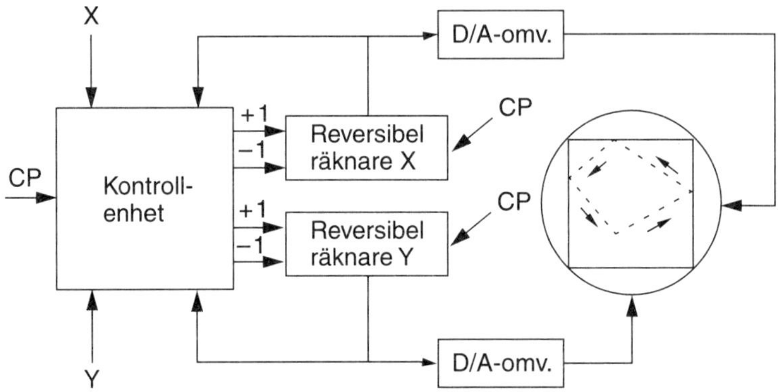

”Kontrollenheten” ska konstrueras med ledning av följande. Storheterna X och Y anger med precisionen 5 bitar absolutbeloppet av punktens hastighet i x-led respektive y-led. Vi antar att hastighetens tecken från början är positivt för båda koordinaterna. När en räknare når ett av sina två ändlägen ska hastighetens tecken kastas om så att punkten tycks bli reflekterad (studsa) mot kanterna av katodstrålerörets utstyrningsområde.

Lösningar

2 Talsystem

2.1 a) $94 : 2 = 47 + 0/2$
$47 : 2 = 23 + 1/2$
$23 : 2 = 11 + 1/2$
$11 : 2 = 5 + 1/2$
$5 : 2 = 2 + 1/2$
$2 : 2 = 1 + 0/2$
$1 : 2 = 0 + 1/2$

Resultat: $(94)_{10} = (1011110)_2$

b) Heltalsdelen $N_0 = (43)_{10}$
Bråkdelen $N_{-1} = (0{,}32)_{10}$

Omvandling av N_0	Omvandling av N_{-1}
$43 : 2 = 21 + 1/2$	$0{,}32 \times 2 = 0{,}64 + 0$
$21 : 2 = 10 + 1/2$	$0{,}64 \times 2 = 0{,}28 + 1$
$10 : 2 = 5 + 0/2$	$0{,}28 \times 2 = 0{,}56 + 0$
$5 : 2 = 2 + 1/2$	$0{,}56 \times 2 = 0{,}12 + 1$
$2 : 2 = 1 + 0/2$	$0{,}12 \times 2 = 0{,}24 + 0$
$1 : 2 = 0 + 1/2$	$0{,}24 \times 2 = 0{,}48 + 0$
	$0{,}48 \times 2 = 0{,}96 + 0$
	$0{,}96 \times 2 = 0{,}92 + 1$
	$\vdots$

Resultat: $(43, 32)_{10} = (101011.01010001\ \ldots)_2$

2.2 a) $(94)_{10}$

$94 : 8 = 11 + 6/8$
$11 : 8 = 1 + 3/8$
$1 : 8 = 0 + 1/8$

Resultat: $(94)_{10} = (136)8$

Vi kan också utnyttja att vi i 2.1 a) omvandlat $(94)_{10}$ till basen 2. Omvandlingen mellan basen 2 och basen 8 eller 16 blir nämligen speciellt enkel eftersom $2^3 = 8$ och $2^4 = 16$. Vid omvandlingen mellan basen 2 och basen 8 delar man därför bara in det binära talet i grupper om tre bitar med början från binärpunkten och tilldelar varje grupp motsvarande oktala siffra. Analogt förfares vid omvandling mellan basen 2 och basen 16 varvid binärtalet i stället indelas i grupper om fyra bitar.

Vi får således

$$(94)_{10} = (\underbrace{1}_{1}\underbrace{011}_{3}\underbrace{110}_{6})_2 = (136)_8$$

$(43,32)_{10}$

Heltalsdelen $N_0 = (43)_{10}$
Bråkdelen $N_{-1} = (0{,}32)_{10}$

Omvandling av N_0	Omvandling av N_{-1}
$43 : 8 = 5 + 3/8$	$0{,}32 \times 8 = 0{,}56 + 2$
$5 : 8 = 0 + 5/8$	$0{,}56 \times 8 = 0{,}48 + 4$
	$0{,}48 \times 8 = 0{,}84 + 3$
	$\vdots$

Resultat: $(43,32)_{10} = (53.243\ \ldots)_8$

Alternativ (se 2.1):

$$(43,32)_{10} = (\underbrace{101}_{5}\underbrace{011}_{3}.\underbrace{010}_{2}\underbrace{100}_{4}01\ \ldots)_2 = (53.24\ \ldots)_8$$

b) $(94)_{10}$

$94 : 16 = 5 + E/16$
$5 : 16 = 0 + 5/16$

Resultat: $(94)_{10} = (5E)_{16}$

Alternativ (se 2.1):

$$(94)_{10} = (\underbrace{101}_{5}\underbrace{1110}_{E})_2 = (5E)_{16}$$

(43, 32)10

Heltalsdelen $N_0 = (43)_{10}$
Bråkdelen $N_{-1} = (0{,}32)_{10}$

Omvandling av N_0	Omvandling av N_{-1}
$43 : 16 = 2 + B/16$	$0{,}32 \times 16 = 0{,}12 + 5$
$2 : 16 = 0 + 2/16$	$0{,}12 \times 16 = 0{,}92 + 1$
	$0{,}92 \times 16 = 0{,}72 + E$
	$\vdots$

Resultat: $(43, 32)_{10} = (2B.51E\ \ldots)_{16}$

Alternativ (se 2.1):

$$(43, 32)_{10} = (\underbrace{10}_{2}\underbrace{1011}_{B}.\underbrace{0101}_{5}\underbrace{0001}_{1}\ \ldots)_2 = (2B.51\ \ldots)_{16}$$

2.3 a) Ett tal $x_p x_{p-1} \ldots x_1 x_0.\ x_{-1} x_{-2} \ldots x_{-k}$ i ett talsystem med basen b kan alltid omvandlas till basen 10 genom beräkning av summan

$$x_p b^p + x_{p-1} b^{p-1} + \ldots + x_1 b^1 + x_0 b^0 + x_{-1} b^{-1} + x_{-2} b^{-2} + \ldots + x_{-k} b^{-k}$$

För $(110111101.11010)_2$ blir summan

$$1 \cdot 2^8 + 1 \cdot 2^7 + 0 \cdot 2^6 + 1 \cdot 2^5 + 1 \cdot 2^4 + 1 \cdot 2^3 + 1 \cdot 2^2 + 0 \cdot 2^1 +$$
$$+ 1 \cdot 2^0 + 1 \cdot 2^{-1} + 1 \cdot 2^{-2} + 0 \cdot 2^{-3} + 1 \cdot 2^{-4} + 0 \cdot 2^{-5} =$$
$$= 445\ \frac{13}{16} = 445,\ 8125$$

Resultat: $(110111101.11010)_2 = (445,\ 8125)_{10}$

b) Med gruppering enligt 2.2 fås

$$(\underbrace{110}_{6}\underbrace{111}_{7}\underbrace{101}_{5}.\underbrace{110}_{6}\underbrace{10}_{4})_2 = (675.64)_8$$

c) Hexadecimal gruppering ger

$$(\underbrace{1}_{1}\underbrace{1011}_{B}\underbrace{1101}_{D}.\underbrace{1101}_{D}0)_2 = (1BD.DO)_{16}$$

Anmärkning: Mera omfattande omvandlingar mellan oktal/hexadecimal och decimal kod görs med hjälp av tabeller. Dessa kan naturligtvis också användas för omvandling mellan binär och decimal representation.

2.4 $(94)_{10} = (10010100)_{NBCD}$
$(43, 32)_{10} = (01000011.00110010)_{NBCD}$

3 Boolesk algebra och modulo-2-algebra

För att läsaren ska få övning i att använda räknelagarna har i lösningarna till övningsexemplen i detta kapitel ett stort antal mellanled tagits med (ändå inte samtliga nödvändiga om man ska vara strikt). I normala fall använder man inga mellanled för t.ex. räknelagarna R1, R2, R10, R11, R12 och R13.

3.1 a)

$$
\begin{aligned}
\text{V. L} &= xy' + yz' + x'z \\
&= xy' + \underline{yz'} + \underline{x'z} + \underline{x'y} && \text{(enl R 18)} \\
&= \underline{xy'} + yz' + \underline{x'z} + x'y + \underline{y'z} && (\quad \text{"} \quad) \\
&= \underline{xy'} + \underline{yz'} + x'z + x'y + y'z + \underline{xz'} && (\quad \text{"} \quad) \\
&= yz' + x'z + x'y + \underline{y'z} + \underline{xz'} && (\quad \text{"} \quad) \\
&= x'z + \underline{x'y} + y'z + \underline{xz'} && (\quad \text{"} \quad) \\
&= \underline{x'y} + \underline{y'z} + xz' && (\quad \text{"} \quad) \\
&= \text{H. L}
\end{aligned}
$$

b)

$$
\begin{aligned}
\text{V.L} &= wx + w'y + xyz \\
&= \underline{wx} + \underline{w'y} + xyz + \underline{xy} && \text{(enl R 18)} \\
&= wx + w'y + xy && \text{(enl R 16)} \\
&= wx + w'y && \text{(enl R 18)} \\
&= \text{H. L}
\end{aligned}
$$

c)

$$
\begin{aligned}
\text{V. L} &= (x + y' + xy)(x + y')x'y \\
&= (x + y')x'y && \text{(enl R 17)} \\
&= xx'y + y'x'y && \text{(enl R 14)} \\
&= xx'y' + yy'x' && \text{(enl R 13)} \\
&= 0 + 0 && \text{(enl R 4, R 13 och R 6)} \\
&= 0 && \text{(enl R 1)} \\
&= \text{H. L}
\end{aligned}
$$

d) V. L $= (x + y' + xy')(xy + x'z + yz)$

$= xxy + xx'z + xyz + y'xy + y'x'z +$

$+ y'yz + xy'xy + xy'x'z + xy'yz$ (enl R 14)

$= xy + 0 + xyz + 0 + y'x'z + 0 + 0 + 0 + 0$ (enl R 2, R 13, R 4 och R 6)

$= xy + xyz + y'x'z$ (enl R 7)

$= xy + y'x'z$ (enl R 16)

$= xy + x'y'z$ (enl R 13)

= H. L

e) V. L $= (vw + x + y)(x' + y)(x' + y + z)$

$= (vw + x + y)(x' + y)$ (enl R 17)

$= (vw + x + y)\, x' + y$ (enl R 15)

$= vwx' + xx' + yx' + y$ (enl R 14)

$= vwx' + 0 + y$ (enl R 4 och R16)

$= vwx' + y$ (enl R 7)

= H. L

3.2 a) V. L $= wx + y'z' + w'xyz' + wx'y'z$

$= \underline{wx} + y'z' + \underline{w'xyz'} + wx'y'z + \underline{xyz'}$ (enl R 18)

$= wx + y'z' + wx'y'z + xyz'$ (enl R 16)

$= wx + \underline{y'z'} + \underline{wx'y'z} + xyz' + \underline{wx'y'}$ (enl R 18)

$= wx + y'z' + xyz' + wx'y'$ (enl R 16)

$= wx + y'z' + xyz' + wx'y' + xz'$ (enl R 18)

$= wx + y'z' + wx'y' + xz'$ (enl R 16)

$= \underline{wx} + y'z' + \underline{wx'y'} + xz' + \underline{wy'}$ (enl R 18)

$= wx + y'z' + xz' + wy'$ (enl R 16)

H. L $= (w + z')(x + y')$

$= wx + wy' + z'x + z'y'$ (enl R 14)

$= wx + y'z' + xz' + wy'$ (enl R 12 och R 13)

$\therefore$ V. L = H. L

b) V. L $= (x + y')\,(y + z')\,(z + x')$

$= (x + y')\,\underline{(y + z')}\,\underline{(z + x')}\,\underline{(x' + y)}$ (enl R 19)

$= \underline{(x + y')}\,(y + z')\,\underline{(z + x')}\,(x' + y)\,\underline{(y' + z)}$ (”)

$= \underline{(x + y')}\,\underline{(y + z')}\,(z + x')\,(x' + y)(y' + z)\,\underline{(z' + x)}$ (”)

$= (y + z')\,(z + x')\,(x' + y)\underline{(y' + z)}\,\underline{(z' + x)}$ (”)

$= (z + x')\,\underline{(x' + y)}\,(y' + z)\,\underline{(z' + x)}$ (”)

$= \underline{(x' + y)}\,\underline{(y' + z)}\,(z' + x)$ (”)

= H. L

c) $V.\,L = xy + x'y'z$

$H.\,L = (x + z)(y + z) = xy + z$ (enl R 15)

För likhet måste gälla att $VL \oplus HL = 0$.

$(xy + x'y'z) \oplus (xy + z) = x'yz + xy'z$, vilket är $\neq 0$ för

$\langle xyz \rangle = \langle 011 \rangle \vee \langle 101 \rangle$.

$\therefore V.\,L \neq H.\,L$

3.3 a)

f'	$= (x + yz)' = x'(yz)'$	(enl de Morgans lag)
	$= x'(y' + z')$	(enl de Morgans lag)
	$= x'y' + x'z'$	(enl R 14)
$f \cdot f'$	$= (x + yz)(x'y' + x'z')$	
	$= xx'y' + xx'z' + yzx'y' + yzx'z'$	(enl R 14)
	$= 0 + 0 + 0 + 0$	(enl R 4)
	$= 0$	(enl R 1)
$f + f'$	$= (x + yz) + (x'y' + x'z')$	
	$= \underline{x} + yz + \underline{x'y'} + x'z' + \underline{y'}$	(enl R 18)
	$= x + yz + x'z' + y'$	(enl R 16)
	$= \underline{x} + yz + \underline{x'z'} + y' + \underline{z'}$	(enl R 18)
	$= x + yz + y' + z'$	(enl R 16)
	$= x + \underline{yz} + \underline{y'} + z' + \underline{z}$	(enl R 18)
	$= x + y' + z' + z$	(enl R 16)
	$= x + y' + 1$	(enl R 3)
	$= 1$	(enl R 5)

b)

f'	$= ((w + x)(w'y + z))'$	
	$= (w + x)' + (w'y + z)'$	(enl de Morgans lag)
	$= w'x' + (w'y)'z'$	(enl de Morgans lag)
	$= w'x' + (w + y')z'$	(enl de Morgans lag)
	$= w'x' + wz' + y'z'$	(enl R 14)
$f \cdot f'$	$= (w + x)(w'y + z)(w'x' + wz' + y'z')$	
	$= (ww'y + wz + xw'y + xz)(w'x' + wz' + y'z')$	(enl R 14)
	$= (0 + wz + xw'y + xz)(w'x' + wz' + y'z')$	(enl R 4)
	$= (wz + xw'y + xz)(w'x' + wz' + y'z')$	(enl R 7)
	$= wzw'x' + wzwz' + wzy'z' + xw'yw'x'$	
	$+ xw'ywz' + xw'yy'z' + xzw'x' +$	
	$+ xzwz' + xzy'z'$	(enl R 14)
	$= 0$	(enl R4 och R1)

$$
\begin{aligned}
f + f' &= (w + x)(w'y + z) + (w'x' + wz' + y'z') \\
&= ww'y + wz + xw'y + xz + w'x' + wz' + y'z' && \text{(enl R 14)} \\
&= 0 + wz + xw'y + xz + w'x' + wz' + y'z' && \text{(enl R 4)} \\
&= wz + xw'y + xz + w'x' + wz' + y'z' && \text{(enl R 7)} \\
&= \underline{wz} + xw'y + xz + w'x' + \underline{wz}' + y'z' + \underline{w} && \text{(enl R 18)} \\
&= xw'y + xz + w'x' + y'z' + w && \text{(enl R 16)} \\
&= xw'y + xz + \underline{w'x'} + y'z' + \underline{w} + \underline{x'} && \text{(enl R 18)} \\
&= xw'y + xz + y'z' + w + x' && \text{(enl R 16)} \\
&= xw'y + \underline{xz} + y'z' + w + \underline{x}' + \underline{z} && \text{(enl R 18)} \\
&= xw'y + y'z' + w + x' + z && \text{(enl R 16)} \\
&= xw'y + \underline{y}'\underline{z}' + w + x' + \underline{z} + \underline{y}' && \text{(enl R 18)} \\
&= xw'y + w + x' + z + y' && \text{(enl R 16)} \\
&= \underline{xw'y} + w + \underline{x}' + z + y' + \underline{w'y} && \text{(enl R 18)} \\
&= w + x' + z + y' + w'y && \text{(enl R 16)} \\
&= \underline{w} + x' + z + y' + \underline{w'y} + \underline{y} && \text{(enl R 18)} \\
&= w + x' + z + y' + y && \text{(enl R 16)} \\
&= w + x' + z + 1 && \text{(enl R 3)} \\
&= 1 && \text{(enl R 5)}
\end{aligned}
$$

c)
$$
\begin{aligned}
f' &= (wx + x'y + w'yz)' \\
&= (wx)'(x'y)'(w'yz)' && \text{(enl de Morgans lag)} \\
&= (w' + x')(x + y')(w + y' + z') && \text{(enl de Morgans lag)} \\
&= (w'x + w'y' + x'x + x'y')(w + y' + z') && \text{(enl R 14)} \\
&= (w'x + w'y' + 0 + x'y')(w + y' + z') && \text{(enl R 4)} \\
&= (w'x + w'y' + x'y')(w + y' + z') && \text{(enl R 7)} \\
&= w'xw + w'xy' + w'xz' + w'y'w + w'y' + \\
&\quad + w'y'z' + x'y'w + x'y' + x'y'z' && \text{(enl R 4)} \\
&= 0 + w'xy' + w'xz' + 0 + w'y' + w'y'z' + \\
&\quad + x'y'w + x'y' + x'y'z' && \text{(enl R 4)} \\
&= w'xy' + w'xz' + w'y' + w'y'z' + x'y'w + \\
&\quad + x'y' + x'y'z' && \text{(enl R 7)} \\
&= w'xz' + w'y' + x'y' && \text{(enl R 16)}
\end{aligned}
$$

$$
\begin{aligned}
f \cdot f' &= (wx + x'y + w'yz)(w'xz' + w'y' + x'y') \\
&= wxw'xz' + wxw'y' + wxx'y' + x'yw'xz' + \\
&\quad + x'yw'y' + x'yx'y' + w'yzw'xz' + \\
&\quad + w'yzw'y' + w'yzx'y' && \text{(enl R 14)} \\
&= 0 && \text{(enl R4 och R1)}
\end{aligned}
$$

$f + f' = wx + x'y + w'yz + w'xz' + w'y' + x'y'$

$= wx + \underline{x'y} + w'yz + w'xz' + w'y' + \underline{x'y'} + \underline{x'}$ (enl R 18)

$= wx + w'yz + w'xz' + w'y' + x'$ (enl R 16)

$= \underline{wx} + w'yz + w'xz' + w'y' + \underline{x'} + \underline{w}$ (enl R 18)

$= w'yz + w'xz' + w'y' + x' + w$ (enl R 16)

$= \underline{w'yz} + w'xz' + w'y' + x' + \underline{w} + \underline{yz}$ (enl R 18)

$= w'xz' + w'y' + x' + w + yz$ (enl R 16)

$= w'xz' + \underline{w'y'} + x' + \underline{w} + yz + \underline{y'}$ (enl R 18)

$= w'xz' + x' + w + yz + y'$ (enl R 16)

$= w'xz' + x' + w + \underline{yz} + \underline{y}' + \underline{z}$ (enl R 18)

$= w'xz' + x' + w + y' + z$ (enl R 16)

$= \underline{w'xz'} + x' + \underline{w} + y' + z + \underline{xz'}$ (enl R 18)

$= x' + w + y' + z + xz'$ (enl R 16)

$= \underline{x'} + w + y' + z + \underline{xz'} + \underline{z'}$ (enl R 18)

$= x' + w + y' + z + z'$ (enl R 16)

$= x' + w + y' + 1$ (enl R 3)

$= 1$ (enl R 5)

3.4 a) $(x + y + z)' = (x + y)'z'$ (enl de Morgans lag)

$= x'y'z'$ (enl de Morgans lag)

b) $(xyz)' = (xy)' + z'$ (enl de Morgans lag)

$= x' + y' + z'$ (enl de Morgans lag)

3.5 a) H. L $= (xy + x'y')'$

$= (xy)'(x'y')'$ (enl de Morgans lag)

$= (x' + y')(x + y)$ (enl de Morgans lag)

$= x'x + x'y + y'x + y'y$ (enl R 14)

$= 0 + x'y + y'x + 0$ (enl R 4)

$= x'y + y'x$ (enl R 7)

$= x'y + xy'$ (enl R 13)

$=$ V. L

b) H. L $= (x'y'z + x'yz' + xy'z' + xyz)'$

$= (x'y'z)'(x'yz')'(xy'z')'(xyz)'$ (enl de Morgans lag)

$= (x + y + z')(x + y' + z) \cdot$

$\cdot (x' + y + z)(x' + y' + z')$ (enl de Morgans lag)

$= (x + (y + z')(y' + z))(x' + (y + z)(y' + z'))$ (enl R 15)

$= (x + yy' + yz + z'y' + z'z)$

$\cdot (x' + yy' + yz' + zy' + zz')$ (enl R 14)

$= (x + 0 + yz + z'y' + 0) \cdot$

$\cdot (x' + 0 + yz' + zy' + 0)$ (enl R 4)

$= (x + yz + z'y')(x' + yz' + zy')$ (enl R 7)

$$= xx' + xyz' + xzy' + yzx' + yzyz' +$$
$$+ yzzy' + z'y'x' + z'y'yz' + z'y'zy' \quad \text{(enl R 14)}$$
$$= 0 + xyz' + xy'z + x'yz + 0 + 0 + x'y'z' +$$
$$+ 0 + 0 \quad \text{(enl R4 och R13)}$$
$$= xyz' + xy'z + x'yz + x'y'z' \quad \text{(enl R 7)}$$
$$= \text{V. L}$$

Anmärkning: Likheterna i a) och b) kan alternativt visas enkelt med hjälp av den disjunktiva normalformen. Låt oss visa a) på detta sätt.

$$f(x, y) = xy' + x'y = 0 \cdot x'y' + 1 \cdot x'y + 1 \cdot xy' + 0 \cdot xy$$
$$\Rightarrow f'(x, y) = 1 \cdot x'y' + 0 \cdot x'y + 0 \cdot xy' + 1 \cdot xy$$
$$\Rightarrow f(x, y) = (f'(x, y))' = (x'y' + xy)'$$

3.6 Ja, därför att den Booleska algebrans tre operationer, OCH, ELLER samt ICKE, kan realiseras som följer:

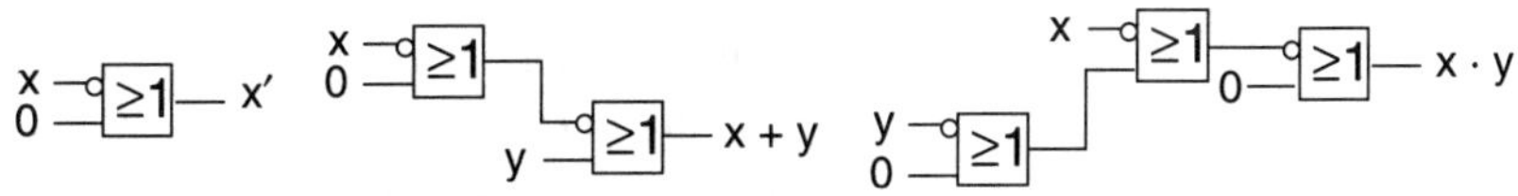

$x' = 0 + x'$ $\quad x + y = (x')' + y$ $\quad xy = (x' + y')'$

3.7
$$\text{V. L} = x \oplus (y \oplus z)$$
$$= x \oplus (y'z + yz') \quad \text{(enl R 8)}$$
$$= x'(y'z + yz') + x(y'z + yz')' \quad (\quad \text{"} \quad)$$
$$= x'(y'z + yz') + x(yz + y'z') \quad \text{(enl 3.5 a))}$$
$$= x'y'z + x'yz' + xyz + xy'z' \quad \text{(enl R 14)}$$
$$= (x'y' + xy)z + (x'y + xy')z' \quad \text{(enl R 12, R 13 och R 14)}$$
$$= (x'y + xy')'z + (x'y + xy')z' \quad \text{(enl 3.5 a))}$$
$$= (x \oplus y)'z + (x \oplus y)z' \quad \text{(enl R 8)}$$
$$= (x \oplus y) \oplus z \quad (\quad \text{"} \quad)$$
$$= \text{H. L}$$

3.8 a) $x \oplus y = z$
$$\Rightarrow x \oplus y \oplus z = z \oplus z \quad \text{(enl Sats 3.6)}$$
$$\Rightarrow x \oplus y \oplus z = 0 \quad \text{(enl R 4)}$$

b) $x \oplus y = z$
$$\Rightarrow x \oplus y \oplus z = 0 \quad \text{(enl a))}$$
$$\Rightarrow x \oplus y \oplus z \oplus y = 0 \oplus y \quad \text{(enl Sats 3.6)}$$
$$\Rightarrow x \oplus y \oplus z \oplus y = y \quad \text{(enl R 5 och R 1)}$$
$$\Rightarrow x \oplus z \oplus y \oplus y = y \quad \text{(enl R 5)}$$
$$\Rightarrow x \oplus z \oplus 0 = y \quad \text{(enl R 4)}$$
$$\Rightarrow x \oplus z = y \quad \text{(enl R 1)}$$

4 Booleska funktioner. Minimeringsmetoder

4.1 Framtagningen av den disjunktiva normalformen till en funktion $f(x_1, x_2, \ldots, x_n)$ skriven som ett Booleskt uttryck kan göras enligt följande metod.

D 1. Använd de Morgans lag tills ICKE-operationen (′) opererar direkt på enkla variabler.

D 2. Använd den distributiva lagen R 14 tills ren disjunktiv form erhålls (summa av produkter).

D 3. Om en produkt saknar någon av de n variablerna, t.ex. x_k, multipliceras produkten med $(x_k + x_k')$, som är lika med 1 enl R 3. Därefter tillämpas den distributiva lagen R 14. Detta förfarande upprepas tills samtliga produkter innehåller samtliga variabler, dvs. tills funktionen är skriven på disjunktiv normalform.

Framtagningen av den konjunktiva normalformen kan göras enligt följande metod helt i analogi med framtagningen av den disjunktiva normalformen.

K 1. Använd de Morgans lag tills ICKE-operationen (′) opererar direkt på enkla variabler.

K 2. Använd den distributiva lagen R 15 tills ren konjunktiv form erhålls (produkt av summor).

K 3. Om en summa saknar någon av de n variablerna, t.ex. x_k, adderas till summan $x_k \cdot x_k'$, som är lika med 0 enl R 4. Därefter tillämpas den distributiva lagen R 14. Detta förfarande upprepas tills samtliga summor innehåller samtliga variabler, dvs. tills funktionen är skriven på konjunktiv normalform.

Den distributiva lagen R 15 kanske inte känns fullt så naturlig att arbeta med som den distributiva lagen R 14. Vid framtagningen av den konjunktiva normalformen kan man då i stället för metoden ovan använda följande metod.

K 1′. Bilda inversen f′ till f.
K 2′. Överför f′ till disjunktiv normalform med hjälp av D 1–D 3.
K 3′. Bilda inversen (f′)′ = f till f′.

a) Disjunktiv normalform

$$\begin{aligned} f(x, y, z) &= xy' + yz' + x'z \\ &= xy'(z + z') + (x + x')yz' + x'(y + y')z \\ &= xy'z + xy'z' + xyz' + x'yz' + x'yz + x'y'z \end{aligned}$$

Konjunktiv normalform

Enligt metod K 1–K 3

$$\begin{aligned} f(x, y, z) &= xy' + yz' + x'z \\ &= (xy' + yz' + x')(xy' + yz' + z) \\ &= (xy' + x' + y)(xy' + x' + z')(xy' + z + y)(xy' + z + z') \\ &= (x' + y + x)(x' + y + y')(x' + z' + x)(x' + z' + y') \cdot \\ &\quad \cdot (z + y + x)(z + y + y') \\ &= (x' + y' + z')(x + y + z) \end{aligned}$$

Enligt metod K 1′–K 3′

$$\begin{aligned} f'(x, y, z) &= (xy' + yz' + x'z)' \\ &= (x' + y)(y' + z)(x + z') \\ &= (x'y' + x'z + yz)(x + z') \\ &= x'y'z' + xyz \end{aligned}$$

$$\begin{aligned} f(x, y, z) &= (f'(x, y, z))' \\ &= (x'y'z' + xyz)' \\ &= (x + y + z)(x' + y' + z') \end{aligned}$$

b) Disjunktiv normalform

$$\begin{aligned} f(w, x, y, z) &= xy + x'z + wyz \\ &= (w + w')xy(z + z') + (w + w')x'(y + y')z + \\ &\quad + w(x + x')yz \\ &= wxyz + wxyz' + w'xyz + w'xyz' + wx'yz + \\ &\quad + wx'y'z + w'x'yz + w'x'y'z \end{aligned}$$

Konjunktiv normalform

$$\begin{aligned} f'(w, x, y, z) &= (xy + x'z + wyz)' \\ &= (x' + y')(x + z')(w' + y' + z') \\ &= (x'z' + xy' + y'z')(w' + y' + z') \\ &= w'x'z' + x'y'z' + x'z' + w'xy' + xy' + xy'z' \\ &\quad + w'y'z' + y'z' \\ &= x'z' + xy' + y'z' \\ &= x'z' + xy' \end{aligned}$$

$$
\begin{aligned}
&= (w + w')x'(y + y')z' + (w + w')xy'(z + z') \\
&= wx'yz' + wx'y'z' + w'x'yz' + w'x'y'z' + \\
&\quad + wxy'z + wxy'z' + w'xy'z + w'xy'z'
\end{aligned}
$$

$$
\begin{aligned}
f(x, y, z) &= (f\,'(x, y, z))' \\
&= (w' + x + y' + z)(w' + x + y + z)(w + x + y' + z) \\
&\quad \cdot (w + x + y + z)(w' + x' + y + z')(w' + x' + y + z) \\
&\quad \cdot (w + x' + y + z')(w + x' + y + z)
\end{aligned}
$$

c) Disjunktiv normalform

$$
\begin{aligned}
f(x, y, z) &= (x + y')[xyz + y'(x + z)] + xyz'(x + x'y) \\
&= (x + y')(xyz + xy' + y'z) + xyz' \\
&= xyz + xy' + xy'z + xy' + y'z + xyz' \\
&= xyz + xy' + y'z + xyz' \\
&= xyz + xy'(z + z') + (x + x')y'z + xyz' \\
&= xyz + xy'z + xy'z' + x'y'z + xyz'
\end{aligned}
$$

Konjunktiv normalform

$$
\begin{aligned}
f'(x, y, z) &= ((x + y')[xyz + y'(x + z)] + xyz'(x + x'y))' \\
&= (x'y + (x' + y' + z')(y + x'z'))(x' + y' + z + x'(x + y')) \\
&= (x'y + x'z' + yz')(x' + y' + z) \\
&= x'y + x'z' \\
&= x'y(z + z') + x'(y + y')z' \\
&= x'yz + x'yz' + x'y'z'
\end{aligned}
$$

$$
\begin{aligned}
f(x, y, z) &= (f\,'(x, y, z))' \\
&= (x + y' + z')(x + y' + z)(x + y + z)
\end{aligned}
$$

4.2 För en funktion av tre variabler finns det $2^3 = 8$ minimalpolynom. Med 8 AND-grindar i första nivån kan man således realisera varje funktion av tre variabler. Emellertid krävs det aldrig mer än $2^3/2 = 4$ AND-grindar. Studerar man Karnaughdiagrammet för en funktion av tre variabler finner man nämligen lätt att det maximala antalet minimalpolynom funktionen kan innehålla är fyra. Det finns två sådana funktioner svarande mot nedanstående Karnaughdiagram:

x \ yz	00	01	11	10
0	1	0	1	0
1	0	1	0	1

$f_1 = (x \oplus y \oplus z)'$

x \ yz	00	01	11	10
0	0	1	0	1
1	1	0	1	0

$f_2 = x \oplus y \oplus z$

Allmänt gäller att varje funktion av n variabler kan realiseras med ett AND–OR-nät med $2^n/2 = 2^{n-1}$ AND-grindar i första nivån.

4.3 För en variabel x_i i en primimplikator till en Boolesk funktion av n variabler finns tre möjligheter, nämligen att den förekommer som x_i eller som x_i' eller att den inte förekommer alls. Eftersom antalet variabler är n så är en övre gräns för antalet primimplikatorer lika med

$$\underbrace{3 \cdot 3 \ldots 3}_{\text{n st}} = 3^n$$

Karnaughdiagrammet för en funktion f(w, x, y, z) som har flera primimplikatorer än minimalpolynom kan exempelvis ha följande utseende. Denna funktion har nio minimalpolynom och tio primimplikatorer. Det finns flera andra funktioner av fyra variabler med samma egenskap. Så kan exempelvis två andra funktioner erhållas genom spegling i diagonalerna i diagrammet.

wx \ yz	00	01	11	10
00	0	0	1	1
01	0	0	1	0
11	0	1	1	1
10	1	1	0	1

f(w, x, y, z)

4.4 $f(x_1, x_2, \ldots, x_n)$ kan skrivas på disjunktiv normalform som

$$f(x_1, x_2, \ldots, x_n) = c_0p_0 + c_1p_1 + \ldots + c_{2^n-1}p_{2^n-1}$$

där p_i är minimalpolynom och $c_i = 1$ om p_i ingår i funktionen.

Den disjunktiva normalformen till

$f'(x_1', x_2', \ldots, x_n')$ blir då

$$f'(x_1', x_2', \ldots, x_n') = c_0'p_{2^n-1} + c_1'p_{2^n-2} + \ldots + c'_{2^n-1}p_0$$

$f(x_1, x_2, \ldots, x_n) = f'(x_1', x_2', \ldots, x_n')$ implicerar då att

$$c_0 = c'_{2^n-1}$$
$$c1 = c'_{2^n-2}$$
$$\vdots$$
$$c_{2^n-1} = c_0'$$

Endast halva antalet c_i, $2^n/2 = 2^{n-1}$, kan fritt väljas till 0 eller 1. Antalet olika funktioner som kan specificeras blir således lika med

$$\underbrace{2 \cdot 2 \ldots 2}_{2^{n-1}\text{ st}} = 2^{(2^{n-1})}$$

4.5 a) $f = (x' + y)z + xyz' = x'z + yz + xyz'$

Karnaughdiagrammen för f blir (väsentliga primimplikatorer är markerade med *)

Disjunktiv minimalform

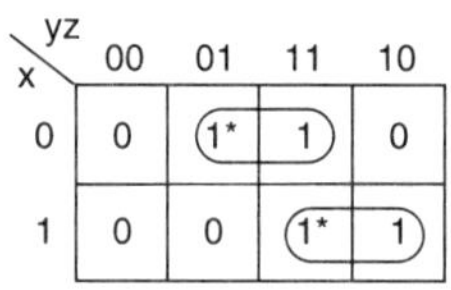

Konjunktiv minimalform

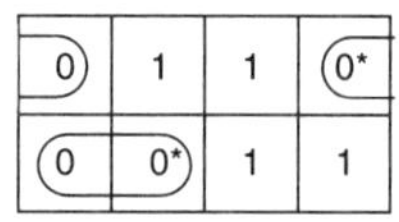

Funktionerna och näten blir

$f = x'z + xy$

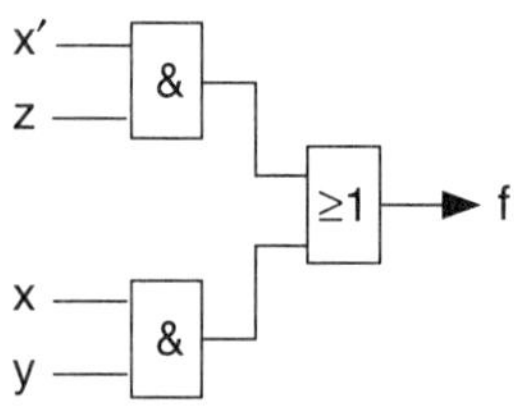

$f' = xy' + x'z'$

$f = (x' + y)(x + z)$

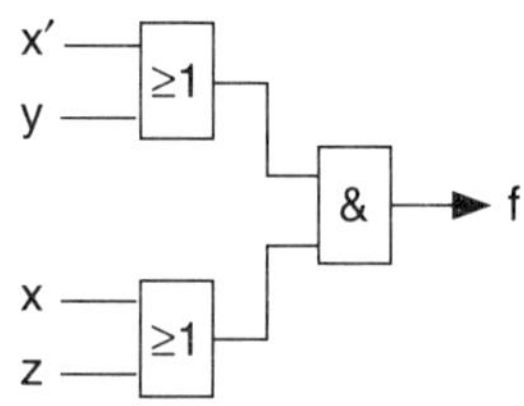

b) $f = (w + y'z + ((x + y)(y' + z))')((x + y)(y' + z)x'z' + w')$

$= (w + y'z + x'y' + yz')w'$

$= w'y'z + w'x'y' + w'yz'$

Karnaughdiagrammen för f blir

Disjunktiv minimalform

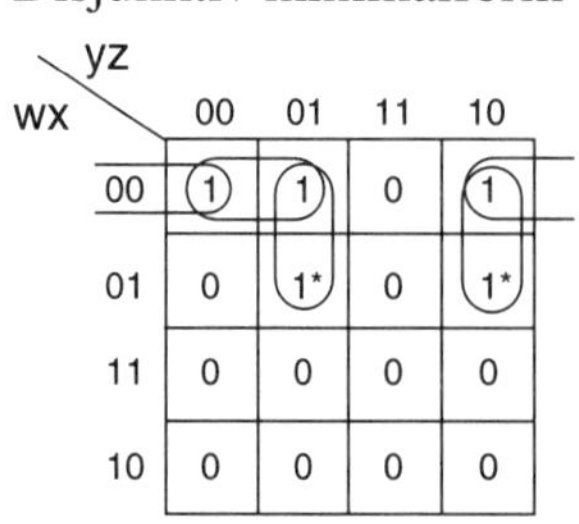

Konjunktiv minimalform

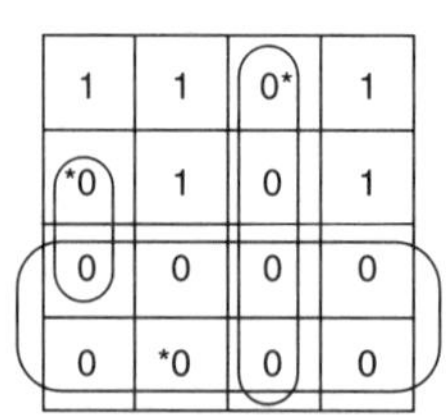

Funktionerna och näten blir enligt nedan. Det finns två disjunktiva minimalformer.

$f_1 = w'y'z + w'yz' + w'x'y'$ $\quad$ $f' = w + yz + xy'z'$

$f_2 = w'y'z + w'yz' + w'x'z'$ $\quad$ $f = w'(y' + z')(x' + y + z)$

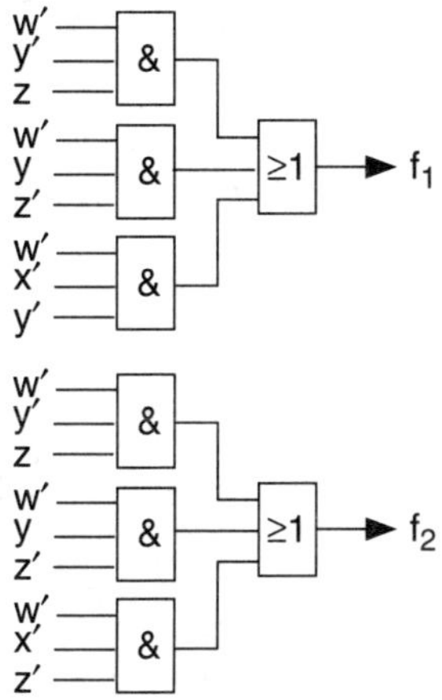

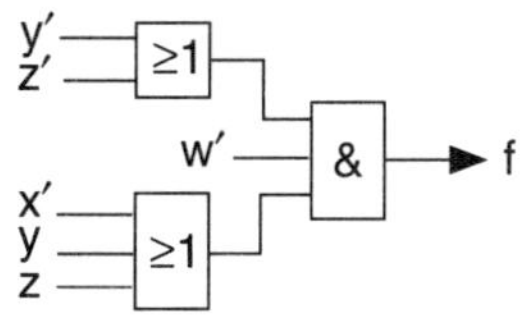

4.6 a) Disjunktiv minimalform $\qquad$ Konjunktiv minimalform

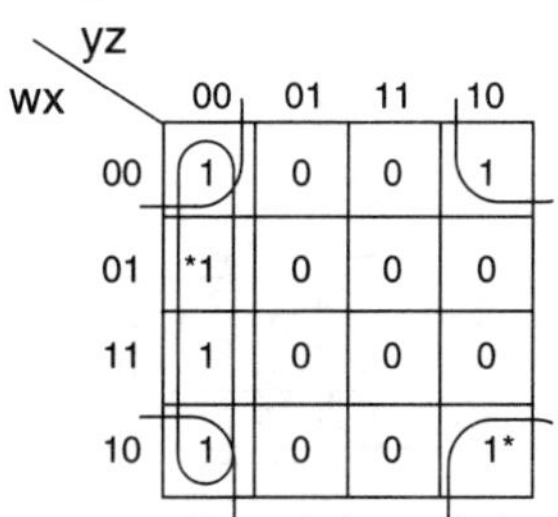

$f = y'z' + x'z'$

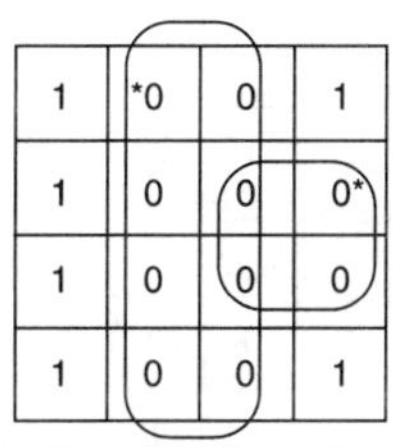

$f = z'(x' + y')$

b)

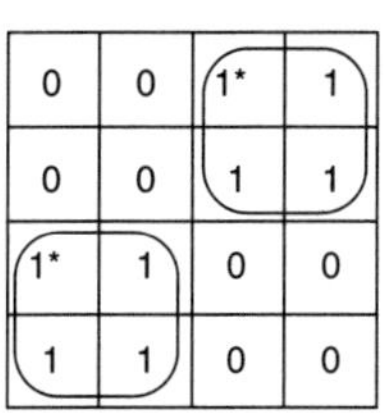

$f = wy' + w'y$

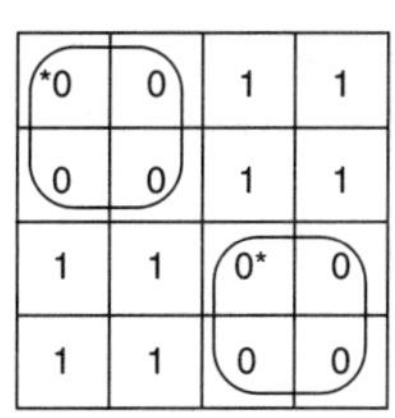

$f = (w + y)(w' + y')$

c)

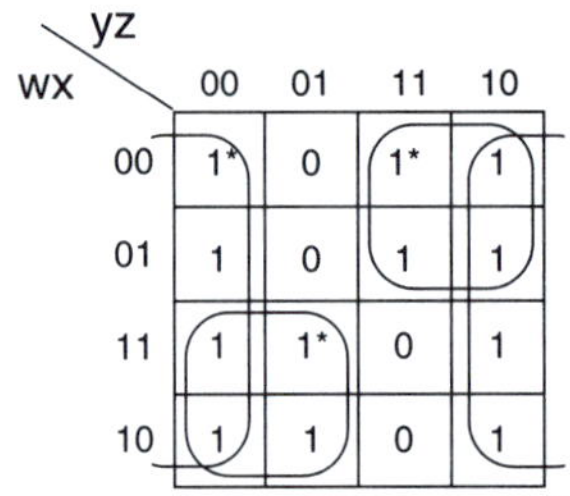

$f = z' + w'y + wy'$

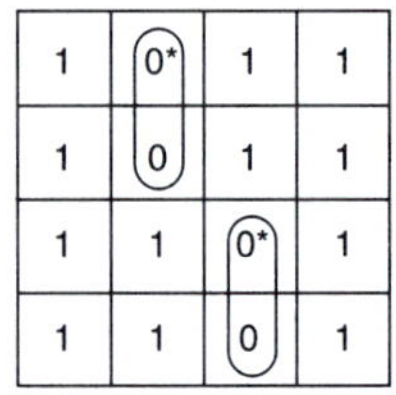

$f = (w + y + z')(w' + y' + z')$

d)

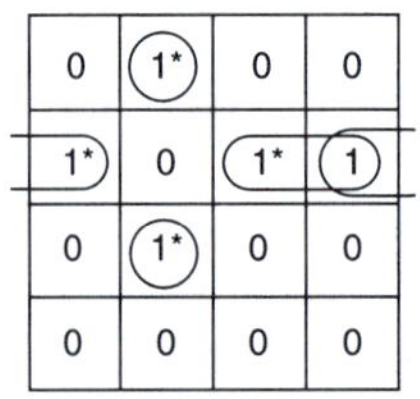

$f = w'xz' + w'xy + w'x'y'z +$
$+ wxy'z$

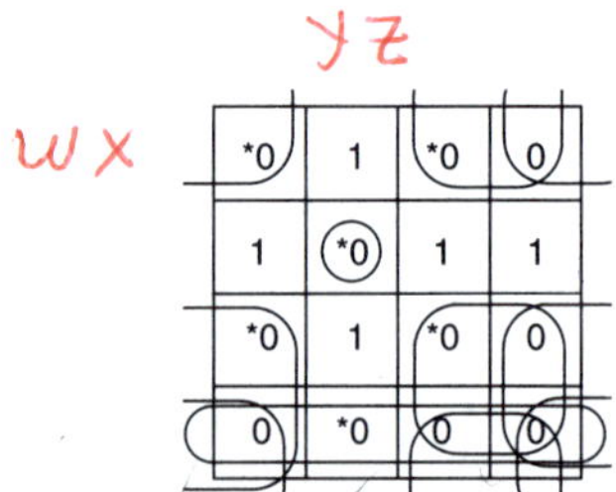

$f = (x + z)(w' + x)(w' + z)(x' + y') \cdot$
$\cdot (w + x' + y + z')(w' + y')$

e) Disjunktiv minimalform

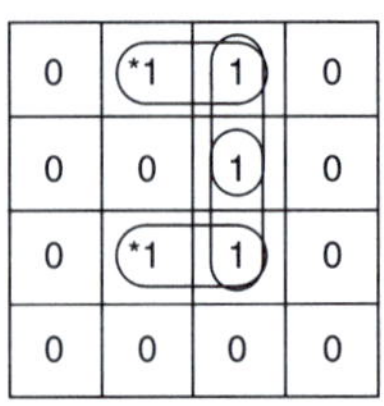

Det finns två disjunktiva minimalformer

$f_1 = w'x'z + wxz + w'yz$
$f_2 = w'x'z + wxz + xyz$

Konjunktiv minimalform

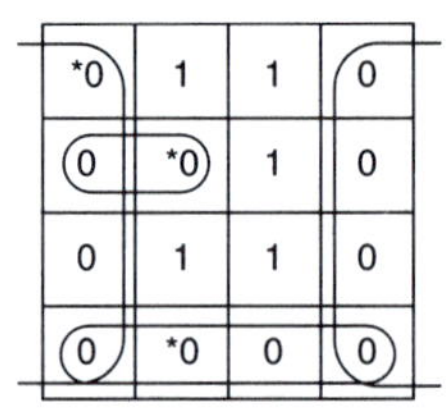

$f = z(w' + x)(w + x' + y)$

f) Disjunktiv minimalform

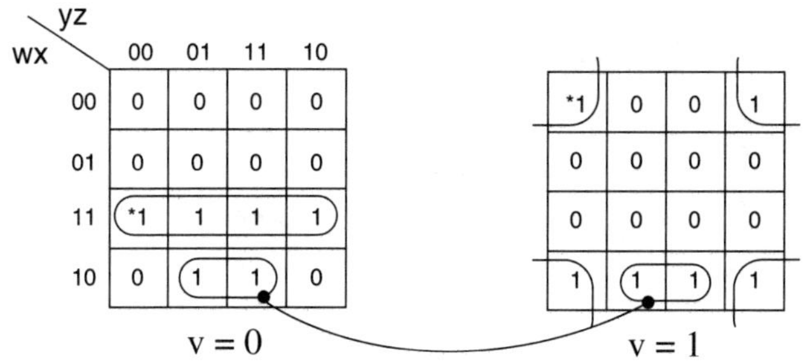

$f = v'wx + vx'z' + wx'z$

Konjunktiv minimalform

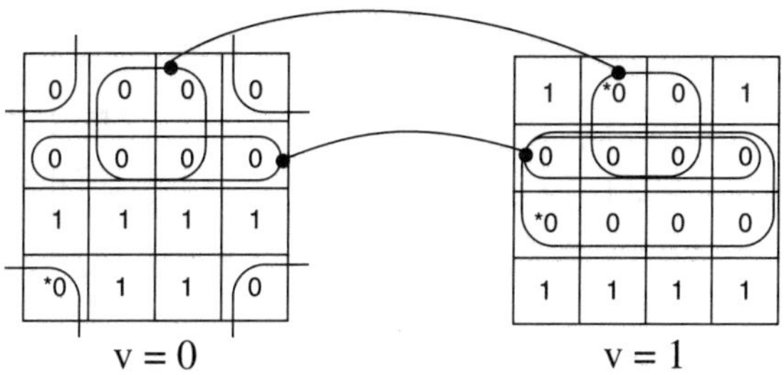

$f = (v + x + z)(w + x')(v' + x')(w + z')$

g) Disjunktiv minimalform

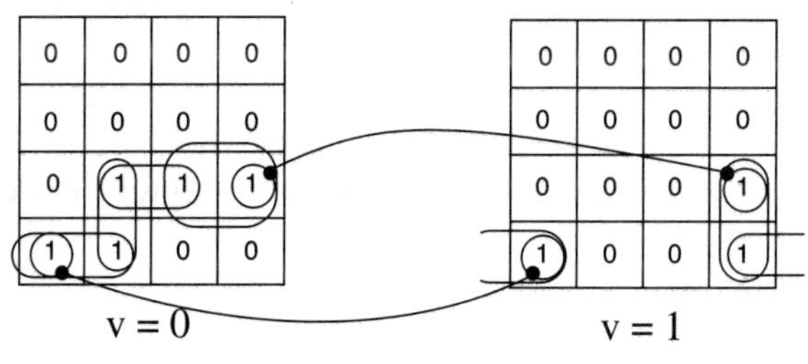

Samtliga primimplikatorer har markerats. Det finns inga väsentliga primimplikatorer. Funktionen har ingen unik minimalform utan två likvärdiga.

$f_1 = v'wx'y' + v'wxz + vwx'z' + wxyz'$

$f_2 = v'wy'z + v'wxy + vwyz' + wx'y'z'$

Konjunktiv minimalform

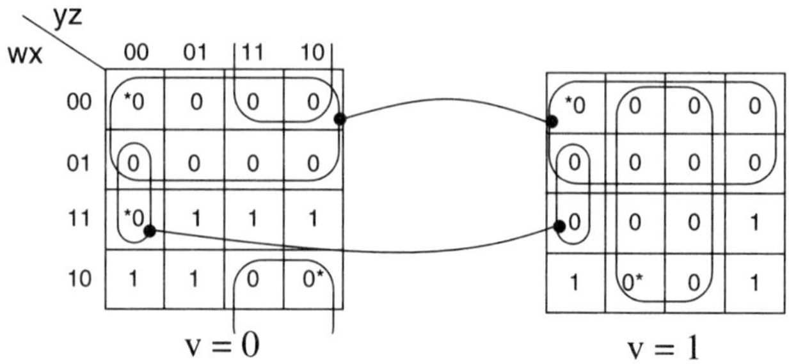

$f = (v + x + y')(v' + z')(x' + y + z)w$

h) Disjunktiv minimalform

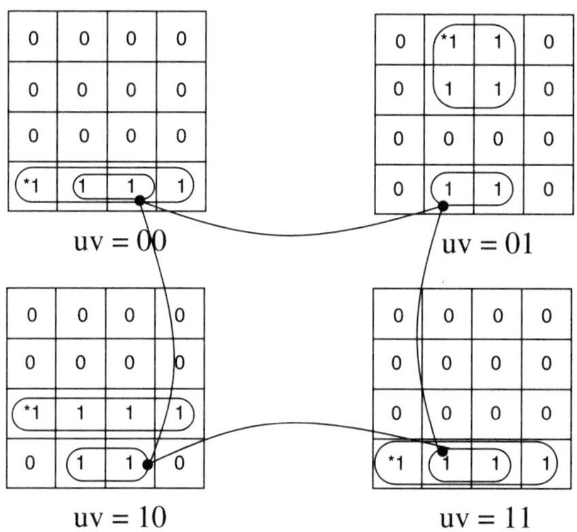

$f = u'v'wx' + u'vw'z + uv'wx + uvwx' + wx'z$

Konjunktiv minimalform

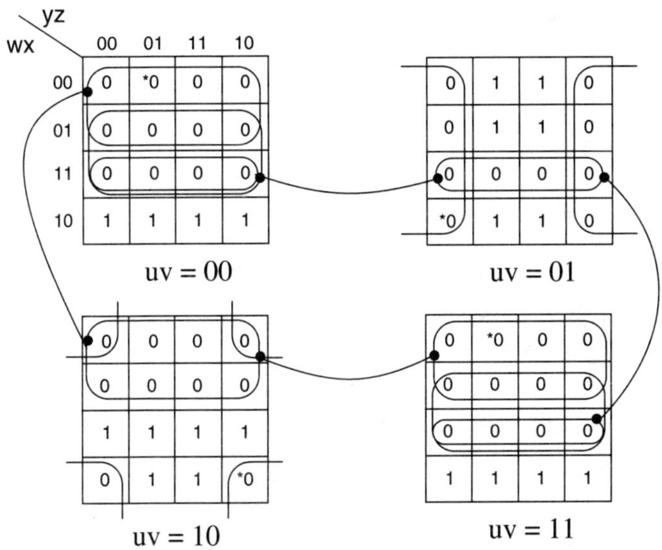

Det finns tre konjunktiva minimalformer

$f_1 = (v+w)(u+v'+z)(u'+w)(u'+v+x+z)(u+w'+x')(v'+w'+x')$
$f_2 = ($ ” $)(u+w'+x')(u'+v'+x')$
$f_3 = ($ ” $)(v'+w'+x')(u+v+x')$

4.7 a) Disjunktiv minimalform

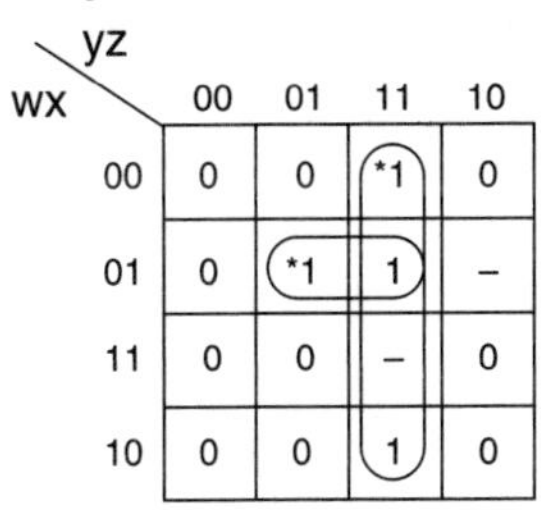

$f = yz + w'xz$

Konjunktiv minimalform

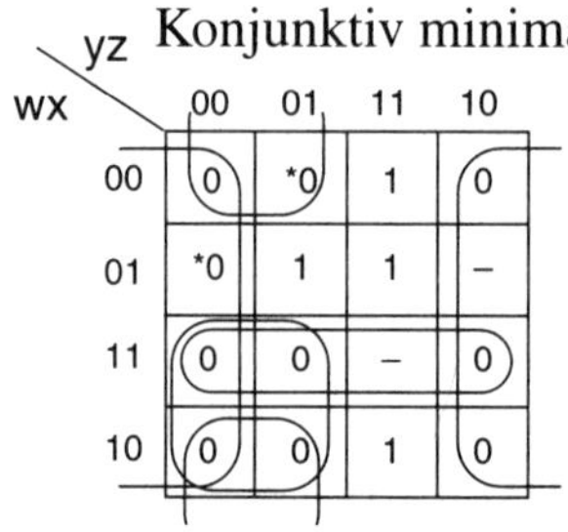

Det finns två konjunktiva minimalformer

$$f_1 = z(x + y)(w' + x')$$
$$f_2 = z(x + y)(w' + y)$$

b) Disjunktiv minimalform

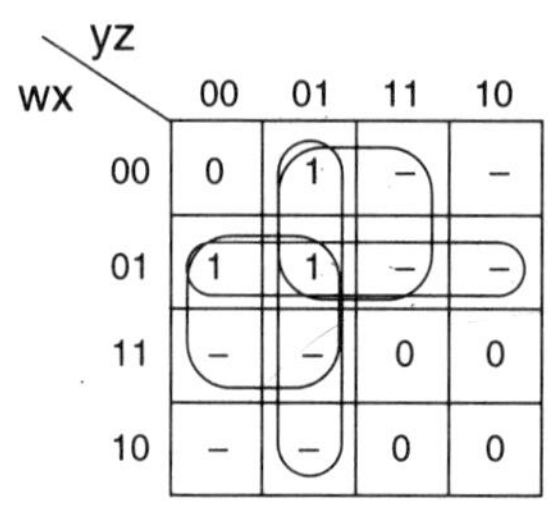

Det finns fyra disjunktiva minimalformer

$$f_1 = xy' + w'z$$
$$f_2 = xy' + y'z$$
$$f_3 = w'x + w'z$$
$$f_4 = w'x + y'z$$

Konjunktiv minimalform

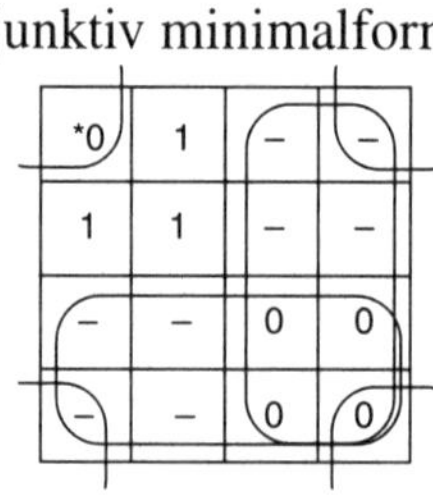

Det finns två konjunktiva minimalformer

$$f_1 = (x + z)w'$$
$$f_2 = (x + z)y'$$

c) Disjunktiv minimalform

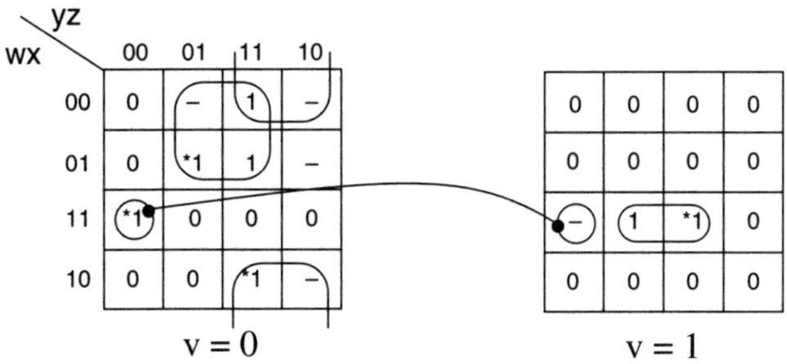

$f = v'w'z + v'x'y + vwxz + wxy'z'$

Konjunktiv minimalform

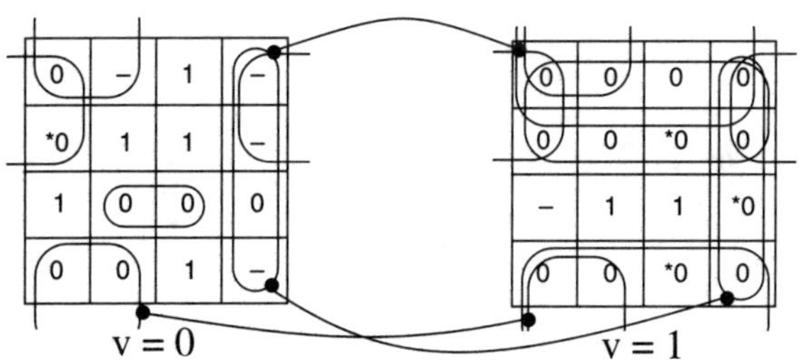

$f = (w + z)(y' + z)(v' + w)(v' + x)(v + w' + x' + z')(x + y)$

d) Disjunktiv minimalform

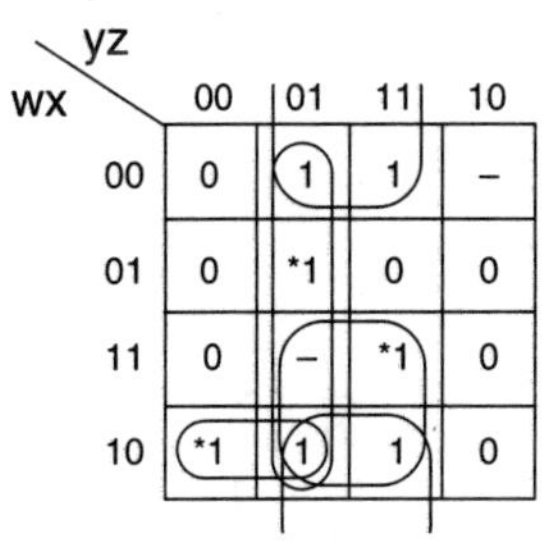

Konjunktiv minimalform

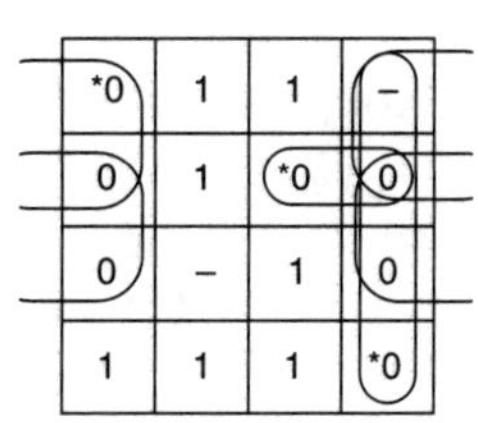

$f = wx'y' + y'z + wz + x'z$ $\quad$ $f = (y'+z)(w+x'+y')(w+z)(x'+z)$

e) Disjunktiv minimalform

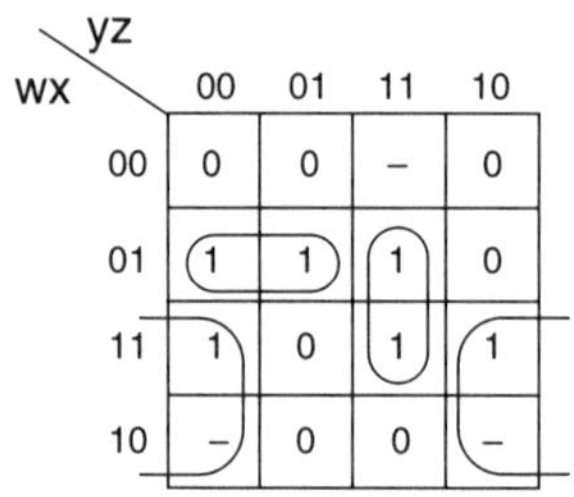

$f = wz' + xyz + w'xy'$

Konjunktiv minimalform

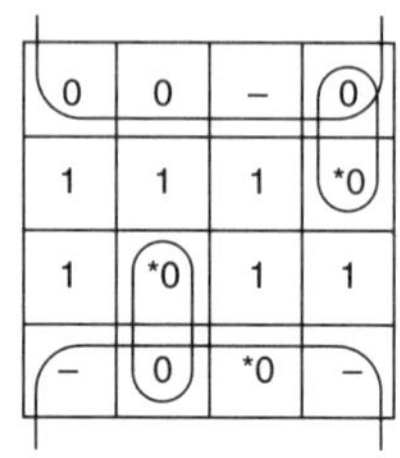

$f = x(w' + y + z')(w + y' + z)$

f) Disjunktiv minimalform

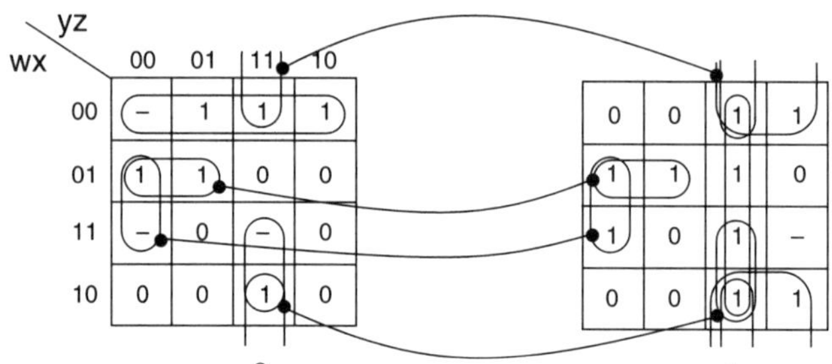

v = 0 v = 1

Det finns två disjunktiva minimalformer

$$f_1 = xy'z' + w'xy' + v'w'x' + vyz + vx'y + wyz$$
$$f_2 = xy'z' + w'xy' + v'w'x' + vyz + vx'y + x'yz$$

Konjunktiv minimalform

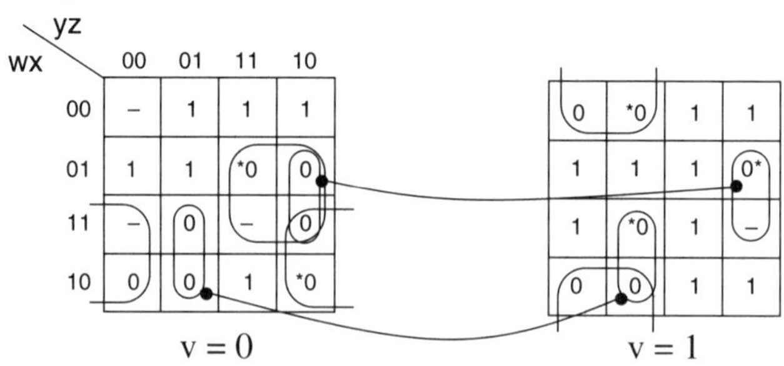

v = 0 v = 1

$$f = (v+w'+z)(v+x'+y')(v'+x+y)(w'+y+z')(x'+y'+z)$$

4.8 Eftersom vi i 4.6 och 4.7 bestämt de minimala konjunktiva formerna kan vi enkelt bestämma AND–NOR-formen (alternativt NAND-AND). Denna erhålls genom att invertera den minimala konjunktiva formen två gånger. Låt oss illustrera förfarandet på 4.6a).

Den minimala konjunktiva formen	$f = z'(x' + y')$
Invertering ger	$f' = z + xy$
Invertering ger	$f = (z + xy)' = z' \cdot (xy)'$

Nätet får följande utseende

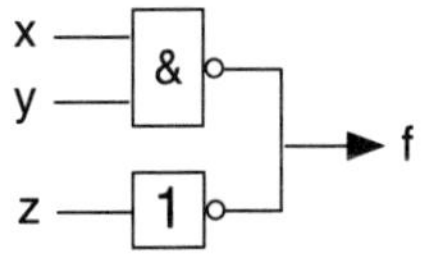

Vi redovisar nu AND-NOR-formerna samt näten för 4.6 b)–d). För 4.6 e)–h) och 4.7 a)–f) redovisas av utrymmesskäl inte näten.

6b) $f = (w'y' + wy)'$

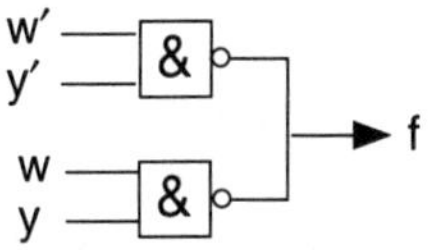

6c) $f = (w'y'z + wyz)'$

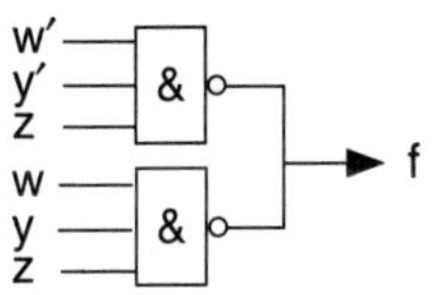

6d) $f = (x'z' + wx' + wz' + x'y + w'xy'z + wy)'$

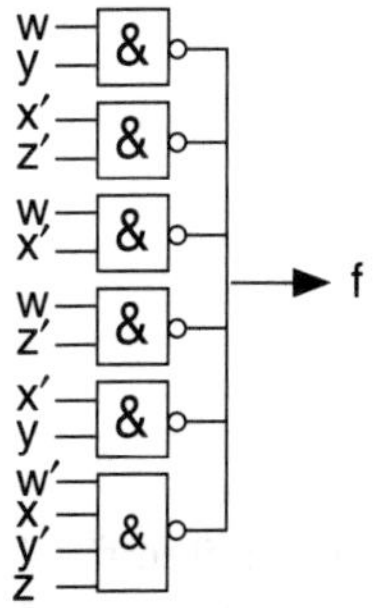

6e) $f = (z' + wx' + w'xy')'$

6f) $f = (v'x'z' + w'x + vx + w'z)'$

6g) $f = (v'x'y + vz + xy'z' + w')'$

6h) $f_1 = (v'w' + u'vz' + uw' + uv'x'z' + u'wx + vwx)'$
$f_2 = (v'w' + u'vz' + uw' + uv'x'z' + u'wx + uvx)'$
$f_3 = (v'w' + u'vz' + uw' + uv'x'z' + vwx + u'v'x)'$

7a) $f_1 = (z' + x'y' + wx)'$
$f_2 = (z' + x'y' + wy')'$

7b) $f_1 = (x'z' + w)'$
$f_2 = (x'z' + y)'$

7c) $f = (w'z' + yz' + vw' + vx' + v'wxz + x'y')'$

7d) $f = (yz' + w'xy + w'z' + xz')'$

7e) $f = (x' + wy'z + w'yz')'$

7f) $f = (v'wz' + v'xy + vx'y' + wy'z + xyz')'$

4.9 Eftersom vi i 4.6 och 4.7 bestämt de minimala disjunktiva formerna kan vi enkelt bestämma OR–NAND-formen (alternativt NOR-OR). Denna erhålls genom att invertera den minimala disjunktiva formen två gånger. Förfarandet illustreras på 4.6a).

Den minimala disjunktiva formen	$f = y'z' + x'z'$
Invertering ger	$f' = (y+z)(x+z)$
Invertering ger	$f = ((y+z)(x+z))' =$
	$= (y+z)' + (x+z)'$

Näten får följande utseende:

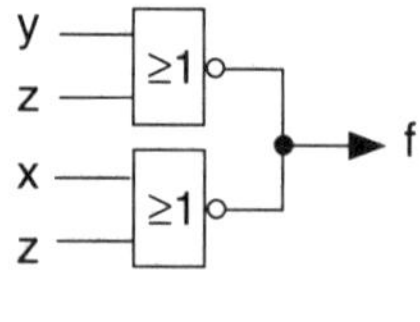

Vi redovisar nu OR-NAND-formerna samt näten för 4.6 b)–d). För 4.6 e)–h) och 4.7 a)–f) redovisas av utrymmesskäl inte näten.

6b) $f = ((w'+y)(w+y'))'$

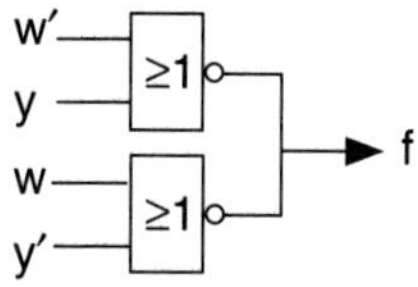

6c) $f = (z(w+y')(w'+y))'$

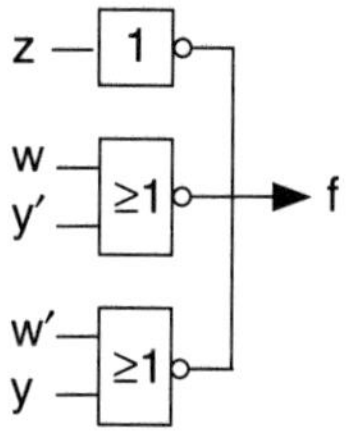

6d) $f = ((w+x'+z)(w+x'+y')(w+x+y+z')(w'+x'+y+z'))'$

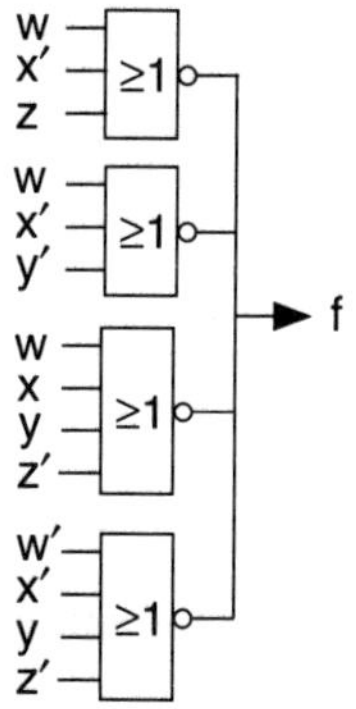

6e) $f_1 = ((w+x+z')(w'+x'+z')(w+y'+z'))'$
$f_2 = ((w+x+z')(w'+x'+z')(x'+y'+z'))'$

6f) $f = ((v+w'+x')(v'+x+z)(w'+x+z'))'$

6g) $f_1 = ((v+w'+x+y)(v+w'+x'+z')(v'+w'+x+z)(w'+x'+y'+z))'$
$f_2 = ((v+w'+y+z')(v+w'+x'+y')(v'+w'+y'+z)(w'+x+y+z))'$

6h) $f = ((u+v+w'+x)(u+v'+w+z')(u'+v+w'+x')(u'+v'+w'+x)$
$\cdot (w'+x+z'))'$

7a) $f = ((y'+z')(w+x'+z'))'$

7b) $f_1 = ((x'+y)(w+z'))'$
$f_2 = ((x'+y)(y+z'))'$
$f_3 = ((w+x')(w+z'))'$
$f_4 = ((w+x')(y+z'))'$

7c) $f = ((v+w+z')(v+x+y')(v'+w'+x'+z')(w'+x'+y+z))'$

7d) $f = ((w'+x+y)(y+z')(w'+z')(x+z'))'$

7e) $f = ((w'+z)(x'+y'+z')(w+x'+y'))'$

7f) $f_1 = ((x'+y+z)(w+ x'+y)(v+w+x)(v'+y'+z')(v'+x+y')$
$\cdot (w'+y'+z'))'$

$f_2 = ((x'+y+z)(w+x'+y)(v+w+x)(v'+y'+z')(v'+x+y')$
$\cdot (x+y'+z'))'$

4.10 $u = cd'e'f'g'+c'de'f'g'+c'd'ef'g'+c'd'e'fg'+c'd'e'f'g+(c+e+g)d'f'$

g = 0

cd \ ef	00	01	11	10
00	–	1	0	1
01	1	0	0	0
11	0	0	0	0
10	1	0	0	1

g = 1

cd \ ef	00	01	11	10
00	1	0	0	1
01	0	0	0	0
11	0	0	0	0
10	1	0	0	1

Observera don't care för 00000, ty om ingen tangent är nedtryckt kvittar det om u = 0 eller u = 1.

Diagrammen ger

$$u = (cd + cf + de + df + ef + dg + fg)'$$

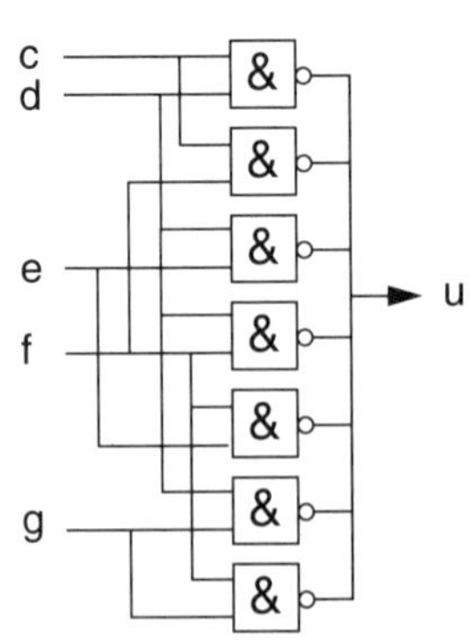

4.11 Funktionstabellen blir

Decimalt	Binärt $x_1\ x_2\ x_3\ x_4$	NBCD-kod $y_1\ y_2\ y_3\ y_4$	$y_5\ y_6\ y_7\ y_8$
0	0 0 0 0	0 0 0 0	0 0 0 0
1	0 0 0 1	0 0 0 0	0 0 0 1
2	0 0 1 0	0 0 0 0	0 0 1 0
3	0 0 1 1	0 0 0 0	0 0 1 1
4	0 1 0 0	0 0 0 0	0 1 0 0
5	0 1 0 1	0 0 0 0	0 1 0 1
6	0 1 1 0	0 0 0 0	0 1 1 0
7	0 1 1 1	0 0 0 0	0 1 1 1
8	1 0 0 0	0 0 0 0	1 0 0 0
9	1 0 0 1	0 0 0 0	1 0 0 1
10	1 0 1 0	0 0 0 1	0 0 0 0
11	1 0 1 1	0 0 0 1	0 0 0 1
12	1 1 0 0	0 0 0 1	0 0 1 0
13	1 1 0 1	0 0 0 1	0 0 1 1
14	1 1 1 0	0 0 0 1	0 1 0 0
15	1 1 1 1	0 0 0 1	0 1 0 1

Vi konstaterar att

$$y_1 = y_2 = y_3 = 0$$
$$y_8 = x_4$$

För övriga utsignaler erhålls Karnaughdiagrammen*

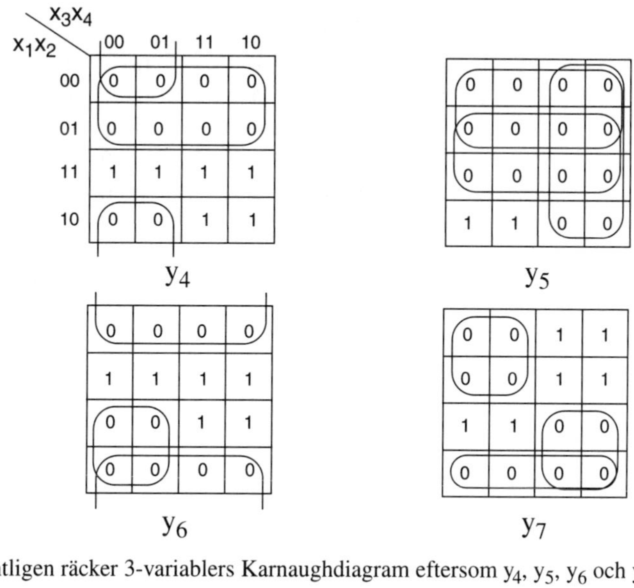

* Egentligen räcker 3-variablers Karnaughdiagram eftersom y_4, y_5, y_6 och y_7 är oberoende av x_4.

$y_4' = x_1' + x_2' x_3'$	$y_4 = (x_1' + (x_2 + x_3)')'$
$y_5' = x_1' + x_2 + x_3$	$y_5 = (x_1' + x_2 + x_3)'$
$y_6' = x_2' + x_1 x_3'$	$y_6 = (x_2' + (x_1' + x_3)')'$
$y_7' = x_1' x_3' + x_1 x_3 + x_1 x_2'$	$y_7 = ((x_1 + x_3)' + (x_1' + x_3')' + (x_1' + x_2)')'$

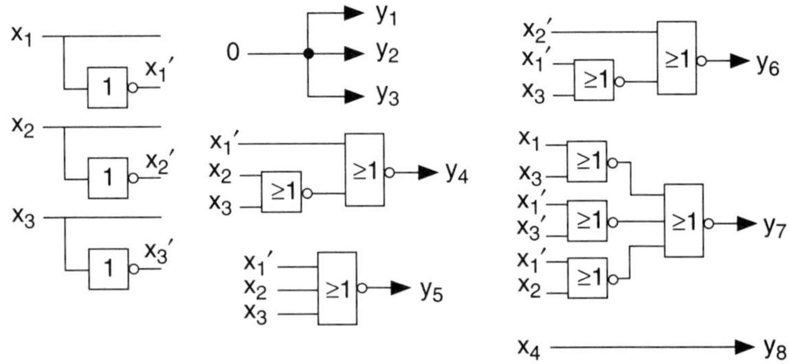

4.12 NBCD-koden och Excess-3-koden har följande utseende

Decimalt	X NBCD				Z Excess-3			
	x_1	x_2	x_3	x_4	z_1	z_2	z_3	z_4
0	0	0	0	0	0	0	1	1
1	0	0	0	1	0	1	0	0
2	0	0	1	0	0	1	0	1
3	0	0	1	1	0	1	1	0
4	0	1	0	0	0	1	1	1
5	0	1	0	1	1	0	0	0
6	0	1	1	0	1	0	0	1
7	0	1	1	1	1	0	1	0
8	1	0	0	0	1	0	1	1
9	1	0	0	1	1	1	0	0

a) Översättning från NBCD-kod till Excess 3-kod

NAND–NAND-nät

I tabellen ser vi direkt att $z_4 = x_4'$. För de övriga funktionerna erhålls följande Karnaughdiagram.

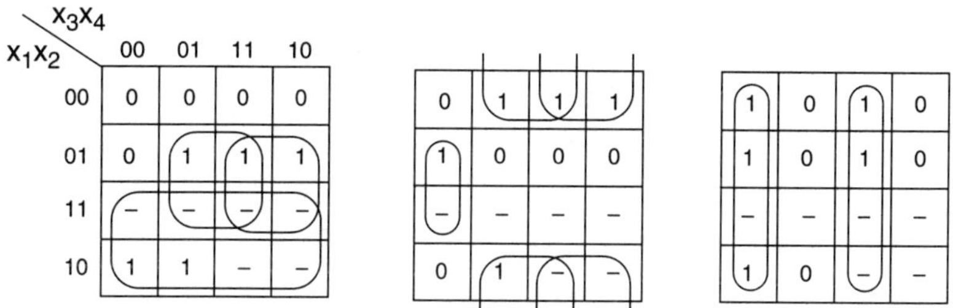

z_1 z_2 z_3

Funktionerna blir

$$z_1 = x_1 + x_2x_4 + x_2x_3$$
$$z_2 = x_2'x_4 + x_2'x_3 + x_2x_3'x_4'$$
$$z_3 = x_3'x_4' + x_3x_4$$
$$z_4 = x_4'$$

Nätet får utseendet

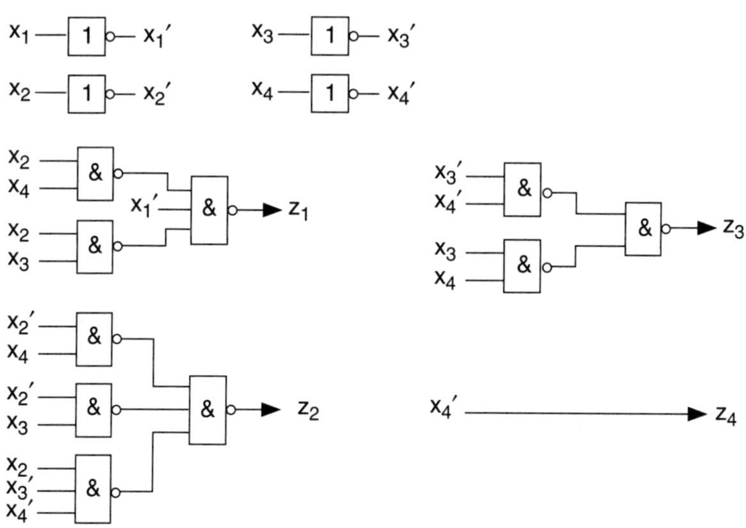

AND–NOR-nät

Karnaughdiagrammen blir

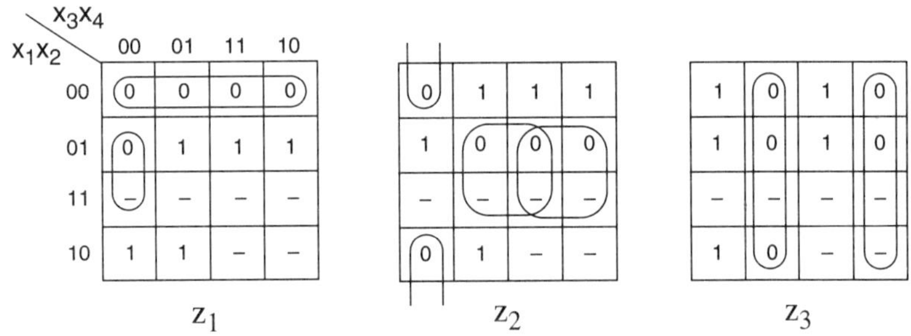

Funktionerna blir

$$z_1 = \begin{cases} (x_1'x_2' + x_2x_3'x_4')' \\ (x_1'x_2' + x_1'x_3'x_4')' \end{cases}$$

$$z_2 = (x_2x_4 + x_2x_3 + x_2'x_3'x_4')'$$
$$z_3 = (x_3'x_4 + x_3x_4')'$$
$$z_4 = x_4'$$

AND–NOR-nätet får följande utseende med trådade NAND-grindar.

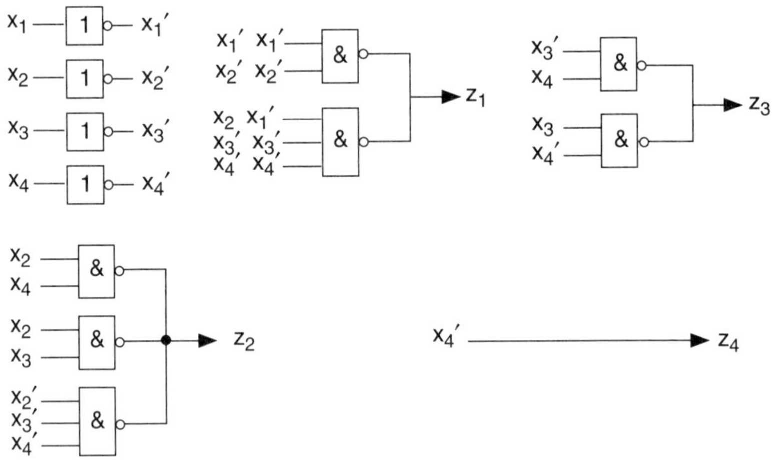

b) Översättning från Excess-3-kod till NBCD-kod

NAND–NAND-nät

Liksom i a) gäller att $x_4 = z_4'$. För de övriga funktionerna blir Karnaughdiagrammen

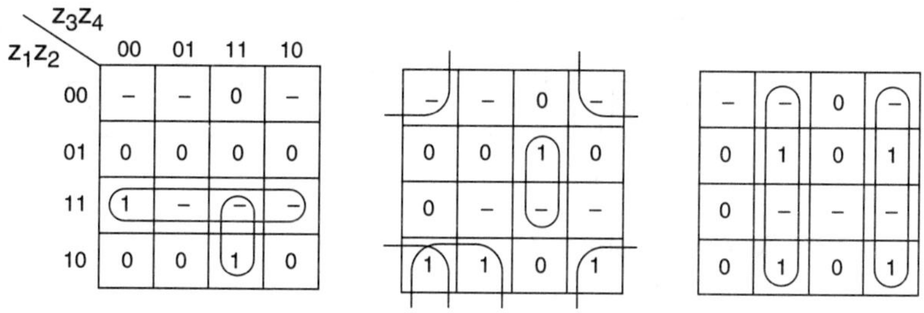

x_1 x_2 x_3

Funktionerna blir

$$x_1 = z_1z_2 + z_1z_3z_4$$
$$x_2 = z_2'z_4' + z_2'z_3' + z_2z_3z_4$$
$$x_3 = z_3'z_4 + z_3z_4'$$
$$x_4 = z_4'$$

Nätet får följande utseende

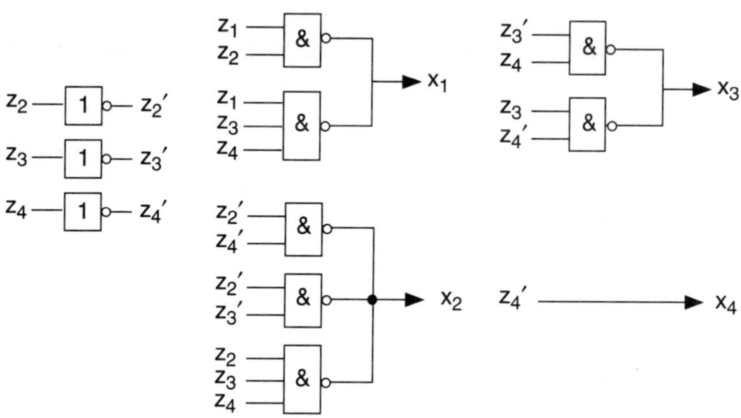

AND–NOR-nät

Karnaughdiagrammen blir

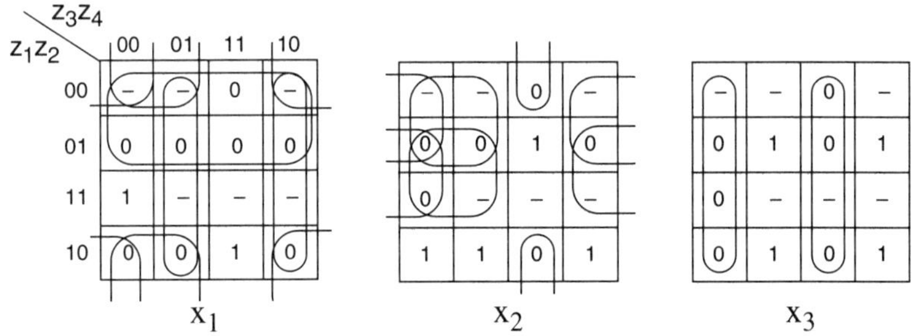

Funktionerna blir

$$x_1 = \begin{cases} (z_1' + z_2'z_3' + z_3z_4')' \\ (z_1' + z_2'z_3' + z_2'z_4')' \\ (z_1' + z_3'z_4 + z_2'z_4')' \end{cases}$$

$$x_2 = \begin{cases} (z_2'z_3z_4 + z_1'z_4' + z_2z_3')' \\ (z_2'z_3z_4 + z_2z_4' + z_2z_3')' \\ (z_2'z_3z_4 + z_2z_4' + z_1'z_3')' \end{cases}$$

$$x_3 = (z_3'z_4' + z_3z_4)'$$
$$x_4 = z_4'$$

AND–NOR-nätet får följande utseende med trådade NAND-grindar.

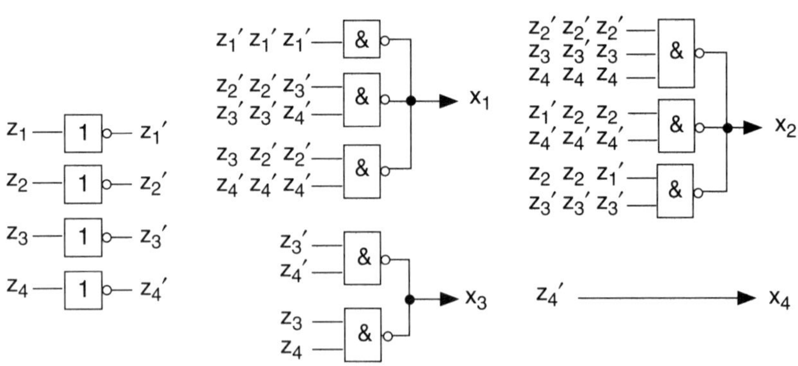

4.13 Karnaughdiagrammet är ju konstruerat så att distansen mellan två närliggande rutor är ett. En decimal enhetsavståndskod får man således genom att välja ut en sluten följd av tio närliggande rutor.

Exempel:

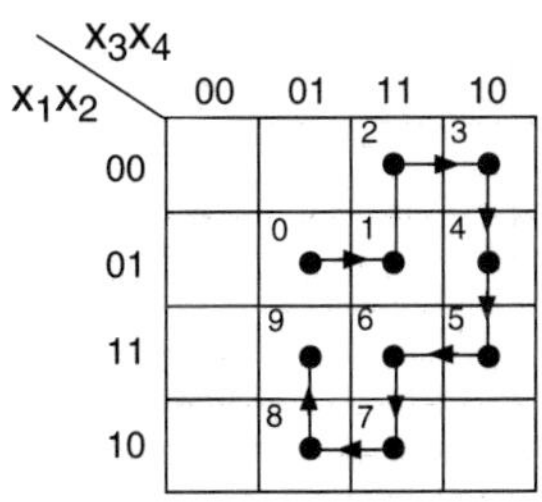

Decimalt	Kod				NBCD			
	x_1	x_2	x_3	x_4	y_1	y_2	y_2	y_1
0	0	1	0	1	0	0	0	0
1	0	1	1	1	0	0	0	1
2	0	0	1	1	0	0	1	0
3	0	0	1	0	0	0	1	1
4	0	1	1	0	0	1	0	0
5	1	1	1	0	0	1	0	1
6	1	1	1	1	0	1	1	0
7	1	0	1	1	0	1	1	1
8	1	0	0	1	1	0	0	0
9	1	1	0	1	1	0	0	1

Karnaughdiagrammen för översättning av den konstruerade enhetsavståndskoden till NBCD får följande utseende:

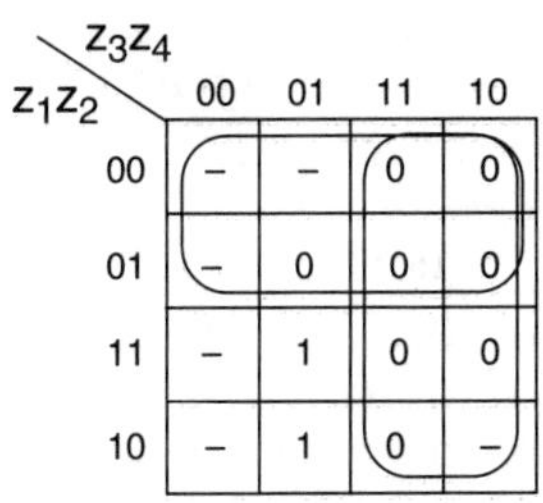

y_8

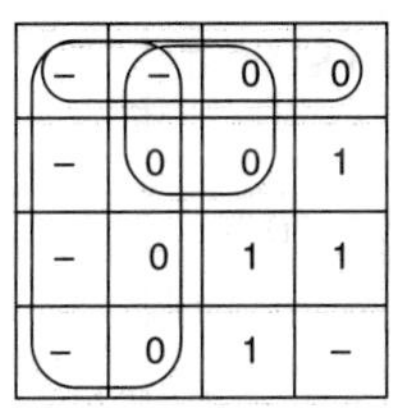

y_4

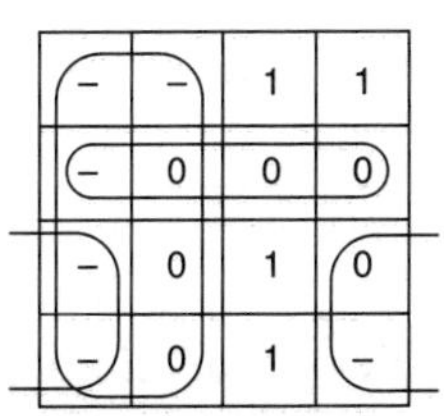

y_2

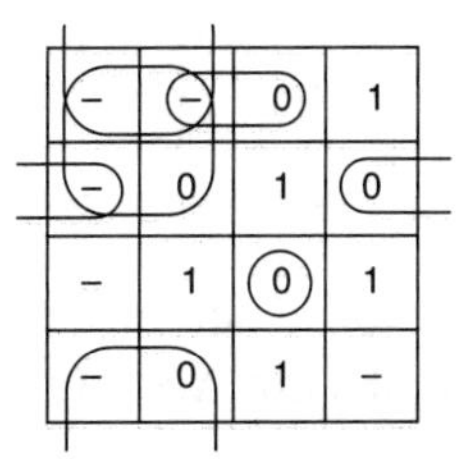

y_2

Ur Karnaughdiagrammen erhålls

$$y_8 = (x_1' + x_3)'$$
$$y_4 = (x_3' + x_1'x_2' + x_1'x_4)'$$
$$y_2 = (x_3' + x_1'x_2 + x_1x_4')'$$
$$y_1 = (x_1'x_3' + x_2'x_3' + x_1'x_2x_4' + x_1'x_2'x_4 + x_1x_2x_3x_4)'$$

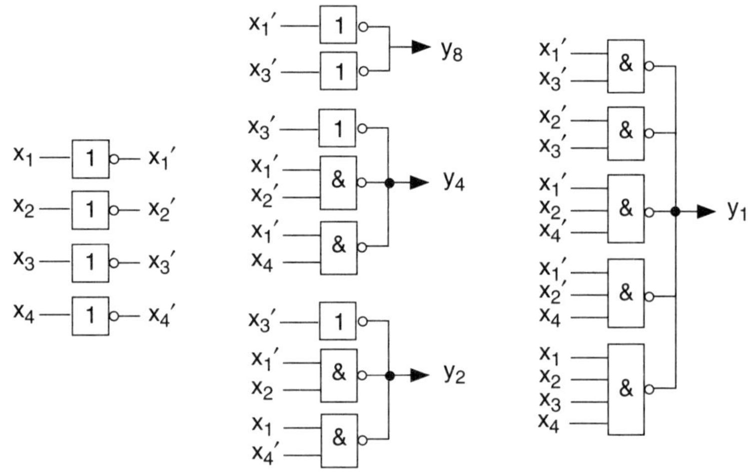

4.14 Funktionstabellen för X^2 blir

X				U = X^2						
Decimalt	Binärt			Binärt						Decimalt
	x_4	x_2	x_1	u_{32}	u_{16}	u_8	u_4	u_2	u_1	
0	0	0	0	0	0	0	0	0	0	0
1	0	0	1	0	0	0	0	0	1	1
2	0	1	0	0	0	0	1	0	0	4
3	0	1	1	0	0	1	0	0	1	9
4	1	0	0	0	1	0	0	0	0	16
5	1	0	1	0	1	1	0	0	1	25
6	1	1	0	1	0	0	1	0	0	36
7	1	1	1	1	1	0	0	0	1	49

I funktionstabellen ser vi direkt att $u_1 = x_1$ och $u_2 = 0$. Låt oss nu undersöka om AND-OR eller OR-AND ger det minimala nätet.

AND–OR-nät

Karnaughdiagrammen blir

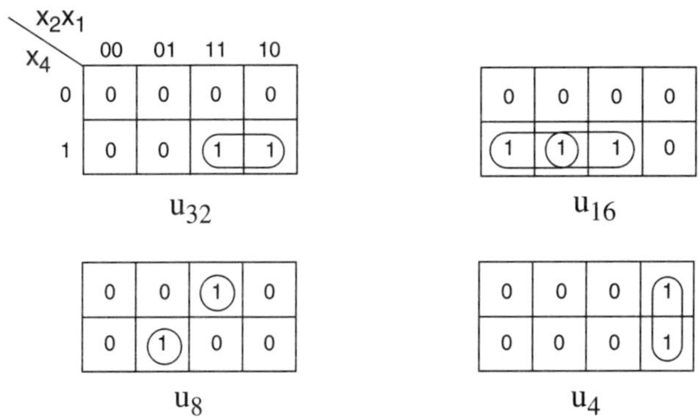

Funktionerna blir

$u_{32} = x_4x_2 \qquad u_4 = x_2x_1'$

$u_{16} = x_4x_2' + x_4x_1 \qquad u_2 = 0$

$u_8 = x_4'x_2x_1 + x_4x_2'x_1 \qquad u_1 = x_1$

Kostnad: 21 ingångar (inklusive inverterare)

OR–AND-nät

Vi ser ovan att u_{32} och u_4 realiseras med grindar i endast en nivå. För dessa funktioner blir således AND–OR-nätet och OR–AND-nätet identiska. För de övriga funktionerna blir Karnaughdiagrammen

Funktionerna blir

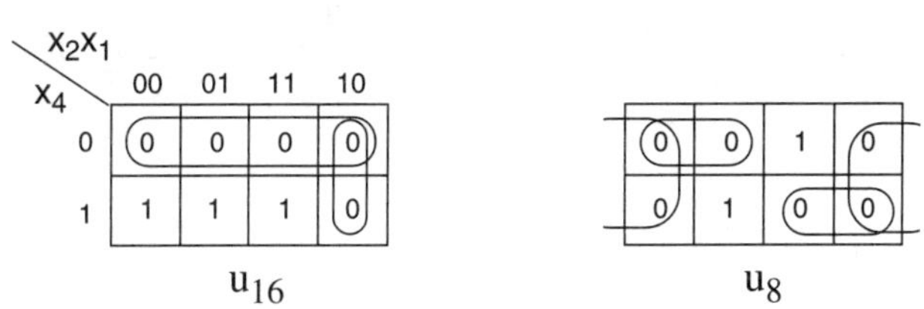

$u_{32} = x_4x_2 \qquad u_4 = x_2x_1'$

$u_{16} = x_4(x_2' + x_1) \qquad u_2 = 0$

$u_8 = x_1(x_4' + x_2')(x_4 + x_2) \qquad u_1 = x_1$

Kostnad: 18 ingångar (inklusive inverterare)

OR–AND-nätet är således billigast och dess utseende blir

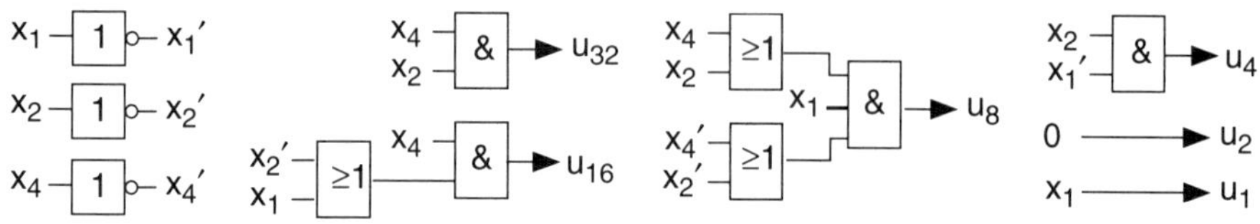

4.15 Funktionstabellen för 9-X blir

X		Y = 9-X	
Decimalt	NBCD	NBCD	Decimalt
	x_8 x_4 x_2 x_1	y_8 y_4 y_2 y_1	
0	0 0 0 0	1 0 0 1	9
1	0 0 0 1	1 0 0 0	8
2	0 0 1 0	0 1 1 1	7
3	0 0 1 1	0 1 1 0	6
4	0 1 0 0	0 1 0 1	5
5	0 1 0 1	0 1 0 0	4
6	0 1 1 0	0 0 1 1	3
7	0 1 1 1	0 0 1 0	2
8	1 0 0 0	0 0 0 1	1
9	1 0 0 1	0 0 0 0	0

Karnaughdiagrammen blir

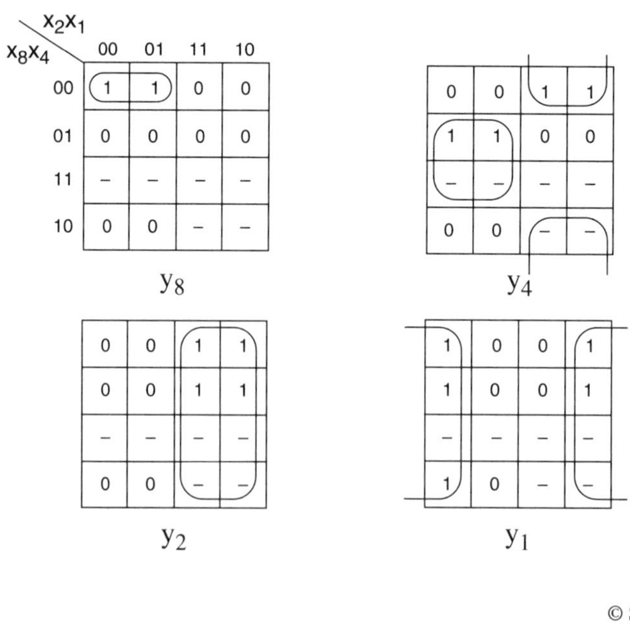

Funktionerna och nätet får följande utseende.

$y_1 = x_1'$

$y_2 = x_2$

$y_4 = x_4x_2' + x_4'x_2$

$y_8 = x_8'x_4'x_2'$

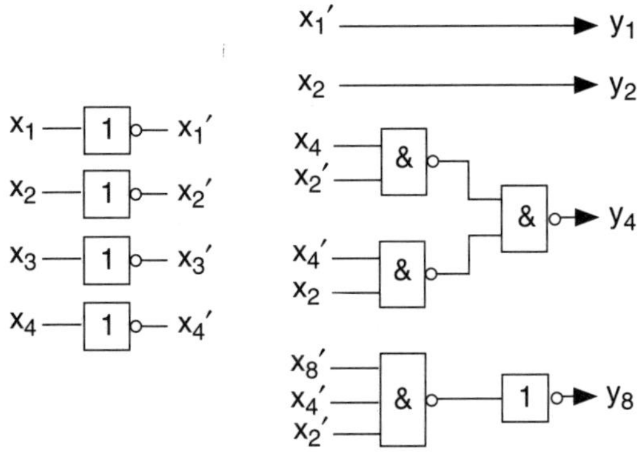

4.16 Funktionstabell och Karnaughdiagram blir:

a	b	c	d	u_8	u_4	u_2	u_1
1	0	0	0	0	0	1	1
1	1	0	0	0	1	0	0
0	1	0	0	1	1	1	1
0	1	1	0	1	0	0	0
0	0	1	0	1	0	1	1
0	0	1	1	0	1	1	0
0	0	0	1	1	1	1	0
övriga				0	0	0	0

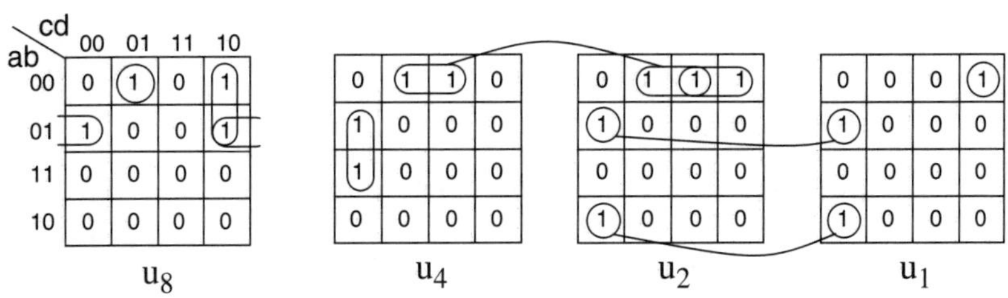

Ur Karnaughdiagrammen erhålls genom grinddelning:

$$u_8 = a'b'c'd + a'bd' + a'cd' = ((a'b'c'd)' \cdot (a'bd')' \cdot (a'cd')')'$$
$$u_4 = bc'd' + \underline{a'b'd} = ((bc'd')' \cdot (\underline{a'b'd})')'$$
$$u_2 = \underline{a'b'd} + a'b'c + \underline{\overline{a'bc'd'}} + \underline{ab}'\underline{c}'\underline{d}' =$$
$$((\underline{a'b'd})' \cdot (a'b'c)' \cdot (\underline{\overline{a'bc'd'}})' \cdot (\underline{ab}'\underline{c}'\underline{d}')')'$$
$$u_1 = a'b'cd' + \underline{\underline{a'bc'd'}} + \underline{ab}'\underline{c}'\underline{d}' =$$
$$((a'b'cd')' \cdot (\underline{\underline{a'bc'd'}})' \cdot (\underline{ab}'\underline{c}'\underline{d}')')'$$

för vilket åtgår 47 ingångar.

En effektivare minimering är nedanstående, vilken formellt erhålls genom att bilda samtliga produktfunktioner mellan u_8, u_4, u_2 och u_1 (observera att u_8 och u_2 inte längre har minimal form).

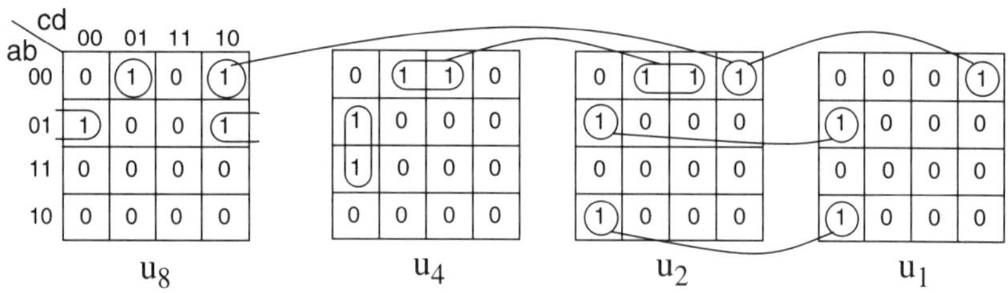

$$u_8 = a'b'c'd + \underline{a'b'cd'} + a'bd' = ((a'b'c'd)' \cdot (\underline{a'b'cd'})' \cdot (a'bd')')'$$
$$u_4 = bc'd' + \underline{\underline{a'b'd}} = ((bc'd')' \cdot (\underline{\underline{a'b'd}})')'$$
$$u_2 = \underline{\underline{a'b'd}} + \underline{a'b'cd'} + \underline{a}'\underline{bc}'\underline{d}' + ab'c'd' =$$
$$((\underline{\underline{a'b'd}})' \cdot (\underline{a'b'cd'})' \cdot (\underline{a}'\underline{bc}'\underline{d}')' \cdot (ab'c'd')')'$$
$$u_1 = \underline{a'b'cd'} + \underline{a}'\underline{bc}'\underline{d}' + ab'c'd' =$$
$$((\underline{a'b'cd'})' \cdot (\underline{a}'\underline{bc}'\underline{d}')' \cdot (ab'c'd')')'$$

Nätet kostar oss nu endast 41 ingångar.

4.17

$$u_1 = xy \oplus x'z' \qquad (1)$$
$$u_2 = x'y' \oplus xz \qquad (2)$$
$$u_3 = x' \qquad (3)$$

Insättning av $x' = 1 \oplus x$, $y' = 1 \oplus y$ och $z' = 1 \oplus z$ i (1), (2) och (3) ger

$$u_1 = xy \oplus (1 \oplus x)(1 \oplus z) = xy \oplus xz \oplus x \oplus z \oplus 1 \qquad (4)$$
$$u_2 = (1 \oplus x)(1 \oplus y) \oplus xz = xy \oplus xz \oplus x \oplus y \oplus 1 \qquad (5)$$
$$u_3 = 1 \oplus x \qquad (6)$$
$$\text{(6) ger } x = 1 \oplus u_3 \qquad (7)$$

Insättning av (7) i (4) och (5) ger

$$u_1 = (1 \oplus u_3)y \oplus (1 \oplus u_3)z \oplus 1 \oplus u_3 \oplus z \oplus 1 \quad (8)$$
$$u_2 = (1 \oplus u_3)y \oplus (1 \oplus u_3)z \oplus 1 \oplus u_3 \oplus y \oplus 1 \quad (9)$$

(8) ⊕ (9) ger

$$u_1 \oplus u_2 = y \oplus z \quad (10)$$
$$(10) \text{ ger } z = u_1 \oplus u_2 \oplus y \quad (11)$$

Insättning av (11) i (8) ger

$$u_1 = (1 \oplus u_3)y \oplus (1 \oplus u_3)(u_1 \oplus u_2 \oplus y) \oplus 1 \oplus u_3 \oplus u_1 \oplus u_2 \oplus y \oplus 1 = (1 \oplus u_3)u_1 \oplus u_2u_3 \oplus u_3 \oplus u_1 \oplus y \quad (12)$$

(12) ger

$$y = (1 \oplus u_3)u_1 \oplus (1 \oplus u_2)u_3 \quad (13)$$

Insättning av (13) i (11) ger

$$z = (1 \oplus u_3)u_2 \oplus (1 \oplus u_1)u_3 \quad (14)$$

(7), (13) och (14) visar att det finns ett nät N* av EXOR-grindar som regenererar signalerna x, y och z. (7), (13) och (14) kan också skrivas om enligt

$$x = u_3' \quad (15)$$
$$y = u_3'u_1 + u_2'u_3 \quad (16)$$
$$z = u_3'u_2 + u_1'u_3 \quad (17)$$

om N* önskas realiserat som ett AND–OR-nät.

Alternativ lösning

Ur (1), (2) och (3) tar man fram funktionstabellen

x	y	z	u_1	u_2	u_3
0	0	0	1	1	1
0	0	1	0	1	1
0	1	0	1	0	1
0	1	1	0	0	1
1	0	0	0	0	0
1	0	1	0	1	0
1	1	0	1	0	0
1	1	1	1	1	0

I funktionstabellen ser man att samtliga kombinationer av <u_1, u_2, u_3> förekommer vilket innebär att funktionen är en entydig och således att det är möjligt att lösa ut x, y och z och realisera dessa med ett nät N*. x, y och z kan lösas ut genom att man "vänder ut och in" på funktionstabellen till vänster och får funktionstabellen nedan.

u_1	u_2	u_3	x	y	z
0	0	0	1	0	0
0	0	1	0	1	1
0	1	0	1	0	1
0	1	1	0	0	1
1	0	0	1	1	0
1	0	1	0	1	0
1	1	0	1	1	1
1	1	1	0	0	0

Karnaughdiagram för x, y och z kan ställas upp och ur dessa kan exempelvis AND–OR-funktionerna (15), (16) och (17) tas fram.

4.18 Med hjälp av de Morgans lagar erhålls lätt

$$f = z(xy)' + z'xy = ((z(xy)')'(z'xy)')'$$

som kan realiseras i följande nät med fem NAND-grindar (inverteraren har här betraktats som en en-ingångars NAND).

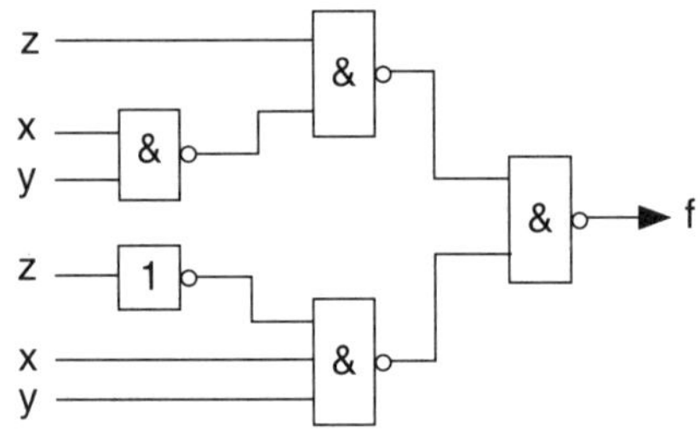

Vi kan nu nedbringa antalet grindar till fyra genom att använda sambandet $ab' = a(ab)'$

$$(ab' = a(ab)', \text{ ty } a(ab)' = a(a' + b') = ab')$$

f kan således skrivas om enligt

$$f = ((z(xy)')'(z'xy)')' = ((z(zxy)')'((zxy)'xy)')'$$

som kan realiseras i följande nät med fyra NAND-grindar

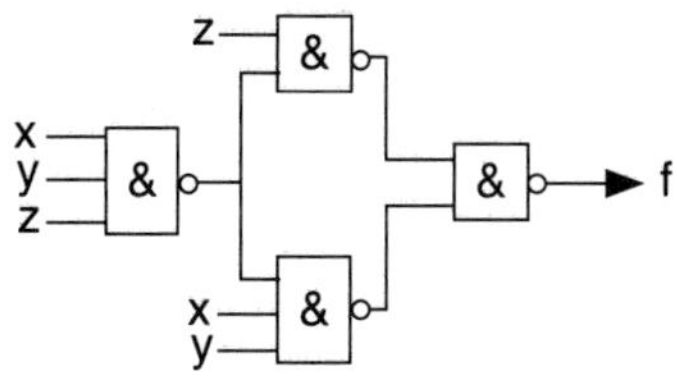

4.19 Funktionerna som ska styra lamptablån betecknas f_{ij}, där i, j = 1, 2, 3 och betecknar rad- respektive kolumnindex.

Funktionstabellen blir

x_1	x_2	x_3	f_{11}	f_{12}	f_{13}	f_{21}	f_{22}	f_{23}	f_{31}	f_{32}	f_{33}
0	0	1	0	0	0	0	1	0	0	0	0
0	1	0	0	0	1	0	0	0	1	0	0
0	1	1	0	0	1	0	1	0	1	0	0
1	0	0	1	0	1	0	0	0	1	0	1
1	0	1	1	0	1	0	1	0	1	0	1
1	1	0	1	0	1	1	0	1	1	0	1

I funktionstabellen ser vi direkt att

$$f_{12} = f_{32} = 0 \text{ och } f_{22} = x_3$$

Karnaughdiagrammen för de övriga funktionerna blir

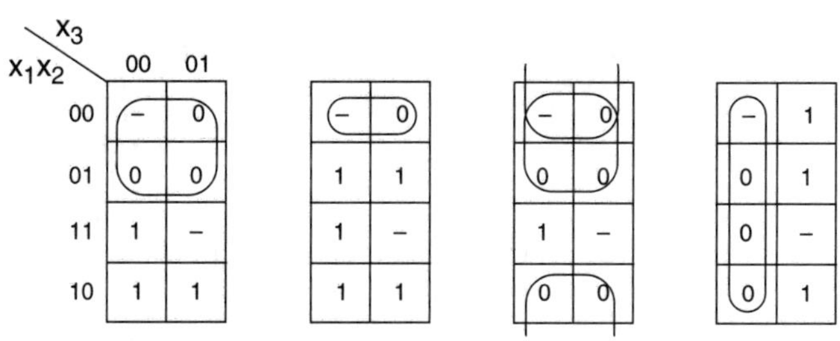

f_{11}, f_{33} f_{13}, f_{31} f_{21}, f_{23} f_{22}

Ur Karnaughdiagrammen erhålls

$$f_{11} = f_{33} = x_1$$
$$f_{21} = f_{23} = (x_1' + x_2')'$$
$$f_{13} = f_{31} = (x_1'x_2')' = ((x_1 + x_2)')'$$
$$f_{22} = x_3$$

Funktionerna realiseras med trådbara inverterare enligt följande figur.

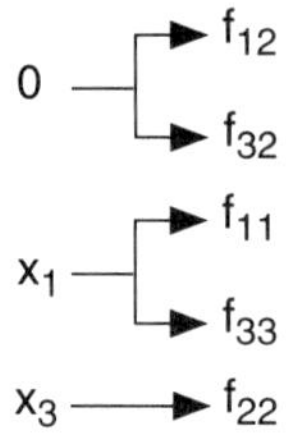

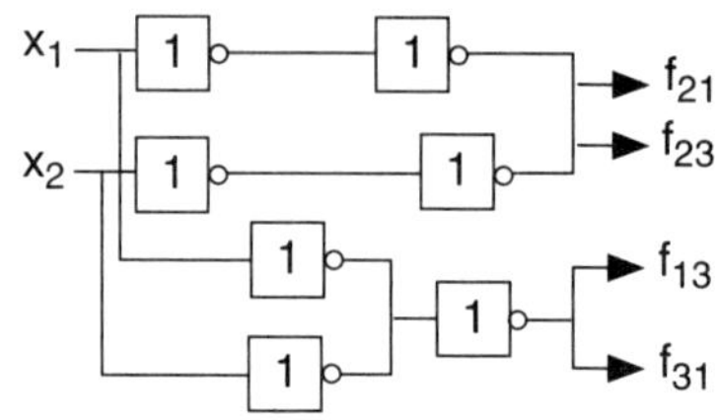

4.20 Enkla resonemang ger följande tabell

x_1	x_2	x_3	x_4	x_5	u_4	u_2	u_1
1	–	–	–	–	0	0	1
0	1	–	–	–	0	1	0
0	0	1	–	–	0	1	1
0	0	0	1	–	1	0	0
0	0	0	0	1	1	0	1
0	0	0	0	0	0	0	0

Tabellen ger följande Karnaughdiagram

$x_1 = 0$

u_4:

x_2x_3 \ x_4x_5	00	01	11	10
00	0	1	1	1
01	0	0	0	0
11	0	0	0	0
10	0	0	0	0

u_2:

x_2x_3 \ x_4x_5	00	01	11	10
00	0	0	0	0
01	1	1	1	1
11	1	1	1	1
10	1	1	1	1

u_1:

x_2x_3 \ x_4x_5	00	01	11	10
00	0	1	0	0
01	1	1	1	1
11	0	0	0	0
10	0	0	0	0

$x_1 = 1$

u_4:

x_2x_3 \ x_4x_5	00	01	11	10
00	0	0	0	0
01	0	0	0	0
11	0	0	0	0
10	0	0	0	0

u_2:

x_2x_3 \ x_4x_5	00	01	11	10
00	0	0	0	0
01	0	0	0	0
11	0	0	0	0
10	0	0	0	0

u_1:

x_2x_3 \ x_4x_5	00	01	11	10
00	1	1	1	1
01	1	1	1	1
11	1	1	1	1
10	1	1	1	1

$$u_4 = x_1'x_2'x_3'x_4 + x_1'x_2'x_3'x_5$$
$$u_2 = x_1'x_2 + x_1'x_3$$
$$u_1 = x_1 + x_2'x_3 + x_2'x_4'x_5$$

Realiseringen av dessa uttryck med AND-OR ger 28 grind- och inverteraringångar.

Karnaughdiagrammen för u_4 och u_2 innehåller mest nollor. Om dessa funktioner därför istället realiseras på konjunktiv erhålls

$$u_4 = x_1'x_2'x_3'(x_4 + x_5)$$

$$u_2 = x_1'(x_2 + x_3)$$

och nätet kräver endast 22 ingångar.

4.21 u = 1 för följande insignalkombinationer:

a	b	c	d	e
0	0	0	0	0
0	0	1	0	0
0	1	0	1	0
0	1	1	1	0
1	0	0	0	1
1	0	1	0	1
1	1	0	1	1
1	1	1	1	1

Vi konstaterar att u är oberoende av c. Uppgiften kan alltså lösas formellt med ett 4-variablers Karnaughdiagram. Enklare är dock ren tabellinspektion där vi ser att u = 1 då a = e och b = d d.v.s.

$$u = (a \oplus e)' \cdot (b \oplus d)' = ((a \oplus e) + (b \oplus d))'$$

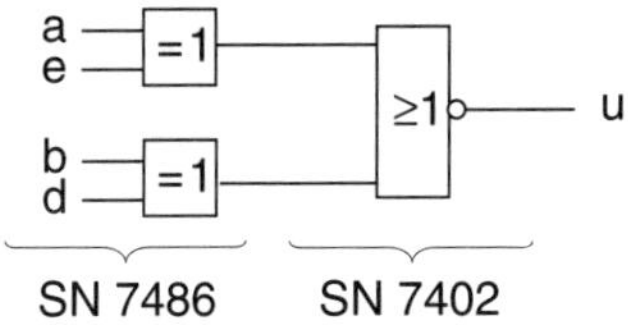

4.22 Funktionstabell

x_1	x_2	x_3	x_4	x_5	x_6	x_7	x_8	x_9	u_4	u_2	u_1
0	0	0	0	1	0	0	0	0	0	0	1
0	0	1	0	0	0	1	0	0	0	1	0
1	0	0	0	0	0	0	0	1	0	1	0
1	0	0	0	1	0	0	0	1	0	1	1
0	0	1	0	1	0	1	0	0	0	1	1
1	0	1	0	0	0	1	0	1	1	0	0
1	0	1	0	1	0	1	0	1	1	0	1
1	0	1	1	0	1	1	0	1	1	1	0
1	1	1	0	0	0	1	1	1	1	1	0

Funktionstabellen är symmetrisk kring x_5 varför x_6, x_7, x_8 och x_9 är redundanta. Uppgiften kan därför lösas formellt med 5-variablers Karnaughdiagram.

Dock ger tabellinspektion lätt:

$$u_4 = x_1 x_3$$
$$u_2 = x_1 \oplus x_2 \oplus x_3 \oplus x_4$$
$$u_1 = x_5$$

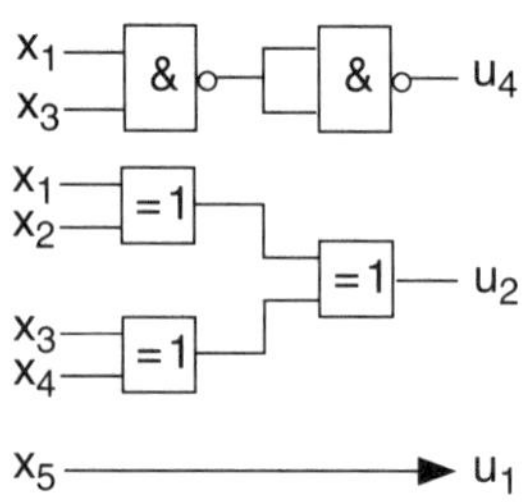

4.23 Av de 128 möjliga kombinationerna förekommer endast de som visas i vidstående tabell. För övriga insignalkombinationer kan alltså utsignalerna sättas till don't care

x_1	x_2	x_3	x_4	x_5	x_6	x_7	y_4	y_2	y_1
0	0	0	0	0	0	0	0	0	0
1	0	0	0	0	0	0	0	0	1
1	1	0	0	0	0	0	0	1	0
1	1	1	0	0	0	0	0	1	1
1	1	1	1	0	0	0	1	0	0
1	1	1	1	1	0	0	1	0	1
1	1	1	1	1	1	0	1	1	0
1	1	1	1	1	1	1	1	1	1

Lösning 1

Inspektion av tabellen ger t.ex.

$$y_4 = x_4$$
$$y_2 = x_6 + x_2x_4'$$
$$y_1 = x_7 + x_5x_6' + x_3x_4' + x_1x_2'$$

som med AND-, OR-grindar och inverterare ger 17 ingångar

Lösning 2

$$y_4 = x_4$$
$$y_2 = x_2 \oplus x_4 \oplus x_6 \quad \text{(udda antal ettor i } x_2x_4x_6\text{)}$$
$$y_1 = x_1 \oplus x_3 \oplus x_5 \oplus x_7 \oplus y_2 \quad \text{(udda antal ettor i } x_1x_3x_5x_7y_2\text{)}$$

Dessa uttryck kräver 12 ingångar om EXOR-grindar används.

4.24 Formella metoder är av ringa värde och lösningen överlåtes därför helt på läsaren.

5 Speciella kombinatoriska nät

5.1

a)

x_i	y_i	c_i	s_i	c_{i-1}
0	0	0	0	0
0	0	1	1	0
0	1	0	1	0
0	1	1	0	1
1	0	0	1	0
1	0	1	0	1
1	1	0	0	1
1	1	1	1	1

Ur funktionstabellen för s_i och c_{i-1} erhålls Karnaughdiagrammen

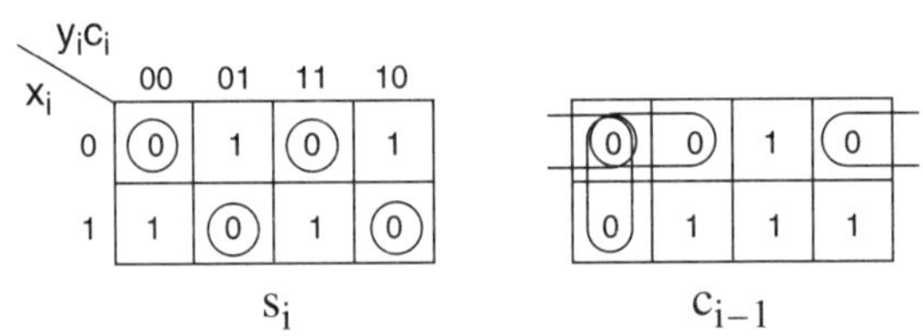

Funktionerna och näten blir

$$s_i = (x_i + y_i + c_i)(x_i + y_i' + c_i')(x_i' + y_i' + c_i)(x_i' + y_i + c_i')$$

$$c_{i-1} = (x_i + y_i)(x_i + c_i)(y_i + c_i)$$

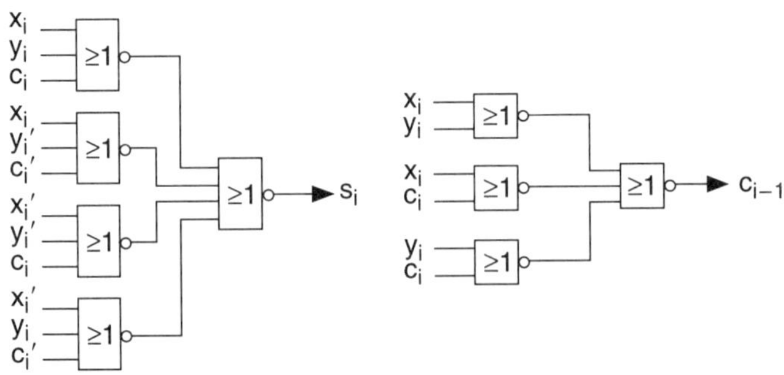

b) Ur funktionstabellen för s_i och c_{i-1} i a) erhålls Karnaughdiagrammen

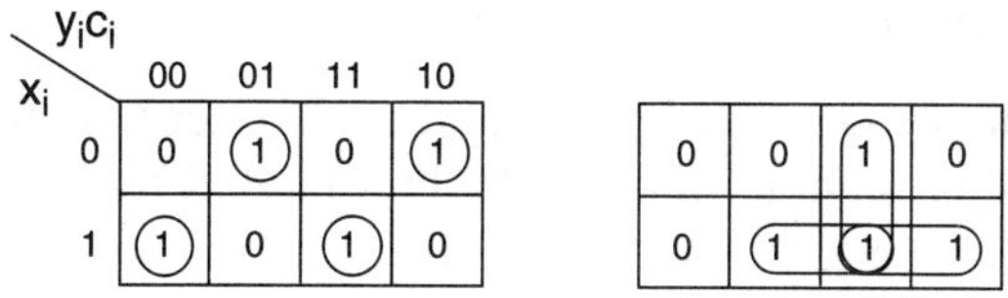

s_i c_{i-1}

Ur Karnaughdiagrammen erhålls funktionerna

$$s_{i-1} = x_i'y_i'c_i + x_i'y_ic_i' + x_iy_ic_i + x_iy_i'c_i'$$
$$c_{i-1} = x_iy_i + y_ic_i + x_ic_i$$

Invertering två gånger ger

$$s_{i-1} = ((x_i + y_i + c_i')(x_i + y_i' + c_i)(x_i' + y_i' + c_i')(x_i' + y_i + c_i))'$$
$$c_{i-1} = ((x_i' + y_i')(y_i' + c_i')(x_i' + c_i'))'$$

s_i och c_{i-1} kan realiseras med trådade NOR-grindar av öppen emittertyp enligt

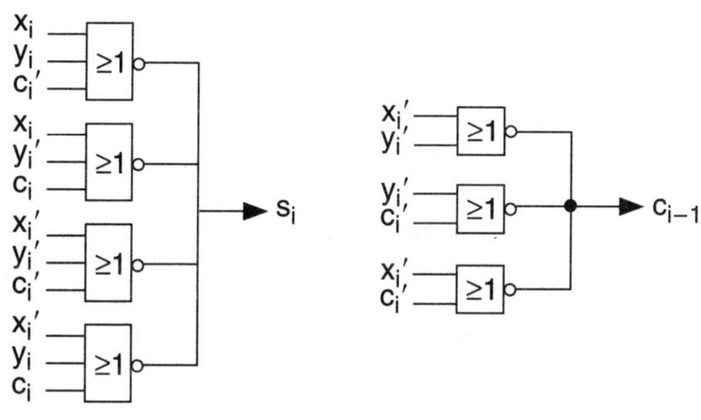

5.2 Vi utgår från motsvarande NAND-nät i Digital teknik. Genom att byta ut alla AND-funktioner mot OR (inkluderande den AND-funktion som ingår i NAND-funktionen) samt invertera alla insignaler erhålls den inversa signalen på nätets utgång.

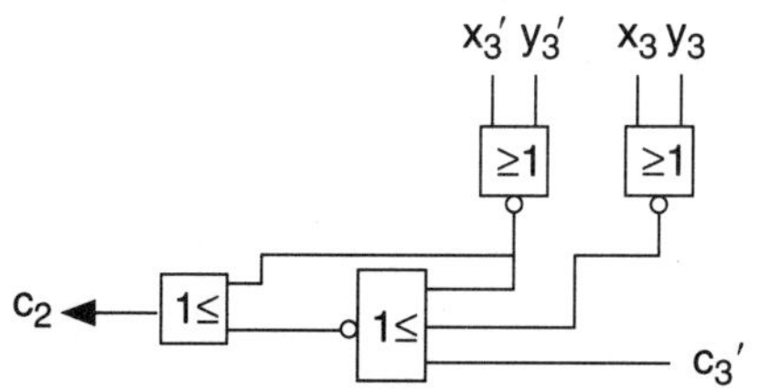

Kontroll

$$c_2 = (x_3' + y_3')' + ((x_3' + y_3')' + (x_3 + y_3)' + c_3')' =$$
$$x_3y_3 + (x_3' + y_3')(x_3 + y_3)c_3 = x_3y_3 + x_3'y_3c_3 + x_3y_3'c_3$$

Den avslutande OR-grinden vid c_2 dras därefter in i efterföljande stegs NOR-grind på samma sätt som AND-grinden i NAND-lösningen uppgår i efterföljande NAND-grind. Konstruktionen av det fullständiga adderarnätet överlåtes till läsaren.

5.3 Heladderarna kan exempelvis grupperas 1 + 1 + 3 + 3 + 4 enligt nedan

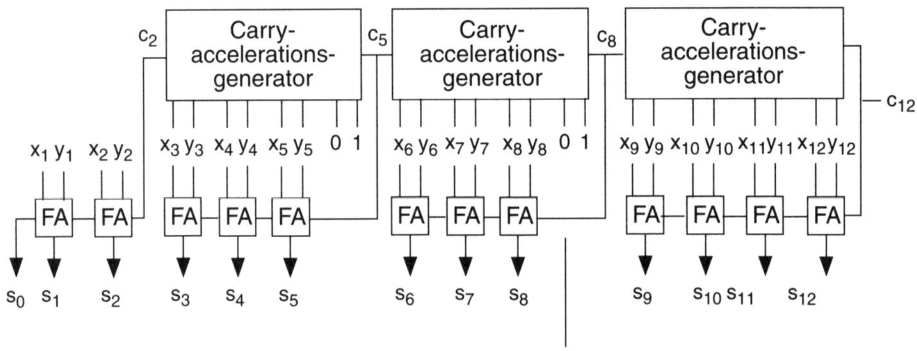

5.4 Enligt ledningen kan nätet konstrueras som två block

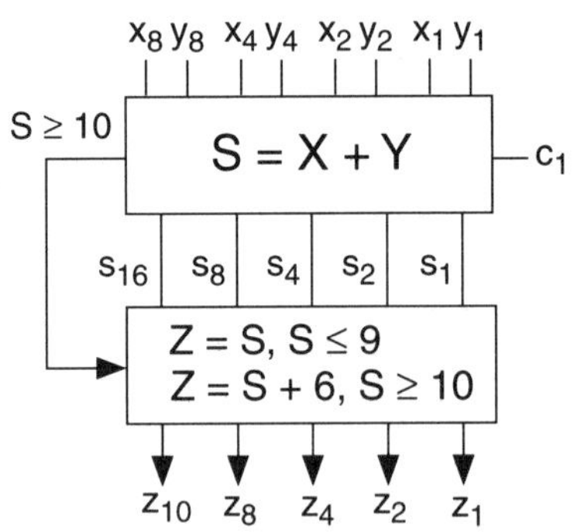

vilka realiseras enligt nedan

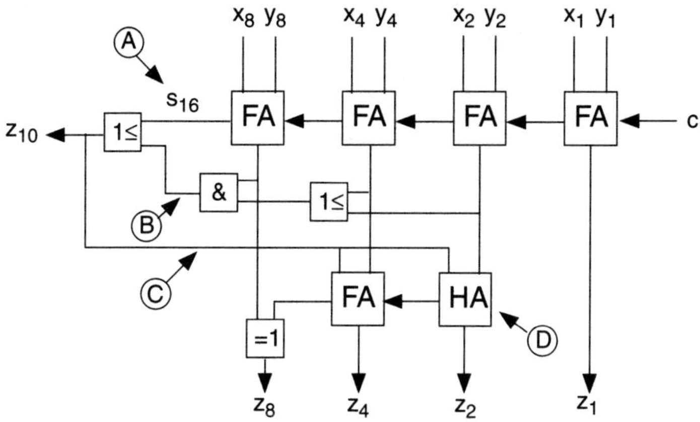

A. Carry genererad på vanligt sätt, d.v.s. summan ≥16.

B. Decimalcarry genererad när summan är lika med 10, 11, 12, 13, 14 eller 15.

C. Om summan ≥ 10 görs en korrigerande addition med talet 6.

D. HA (half adder) indikerar en endast till hälften utbyggd heladderare (carry från tidigare position behöver ej adderas)

5.5 Grindarna kan grupperas enligt

$$((x_1 \oplus x_2) \oplus (x_3 \oplus x_4)) \oplus p_5$$

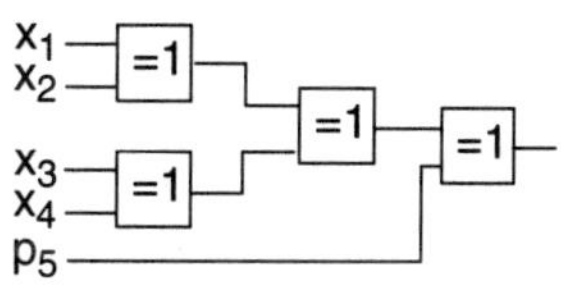

som har djupet 3 jämfört med

$$(((x_1 \oplus x_2) \oplus x_3) \oplus x_4) \oplus p_5$$

som har djupet 4.

Den första grupperingen ger alltså kortare signalfördröjning.

5.6 Bilda följande pariteter på mottagarsidan:

$$f_1 = x_1 \oplus x_2 \oplus x_4 \oplus p_1$$

$$f_2 = x_2 \oplus x_3 \oplus x_4 \oplus p_2$$

$$f_3 = x_1 \oplus x_3 \oplus x_4 \oplus p_3$$

$f_i = 1$ om fel inträffat i någon av de bitar som bildar pariteten och $f_i = 0$ om inget fel inträffat.

f_1 f_2 f_3	bitfel
0 0 0	inget
0 0 1	p_3
0 1 0	p_2
0 1 1	x_3
1 0 0	p_1
1 0 1	x_1
1 1 0	x_2
1 1 1	x_4

Avkoda f_1, f_2, f_3 och invertera den felaktiga biten.

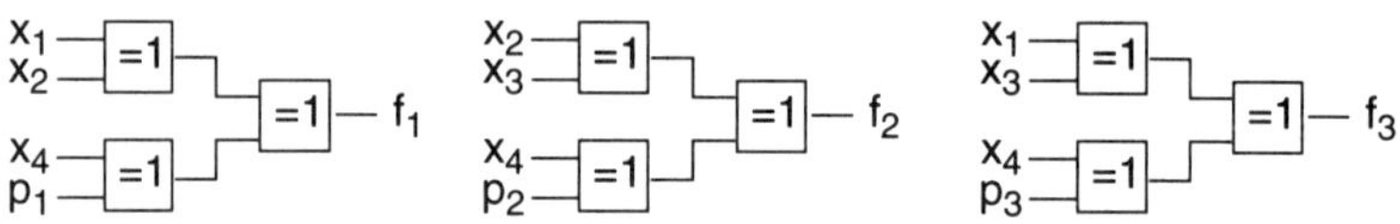

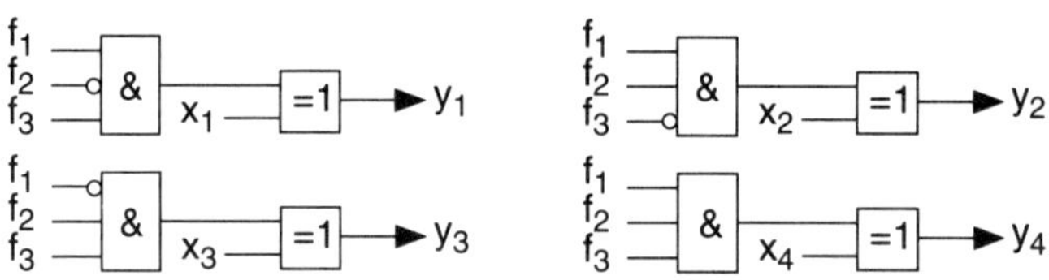

5.7 För samtliga alternativ förutsätts att insignalerna finns tillgängliga i såväl rättvänd som inverterad form. Vidare antas att insignalerna kan styra ut godtyckligt många efterföljande steg (hög fan-out).

Alternativ 1. Direktavkodare Kostnad: 128

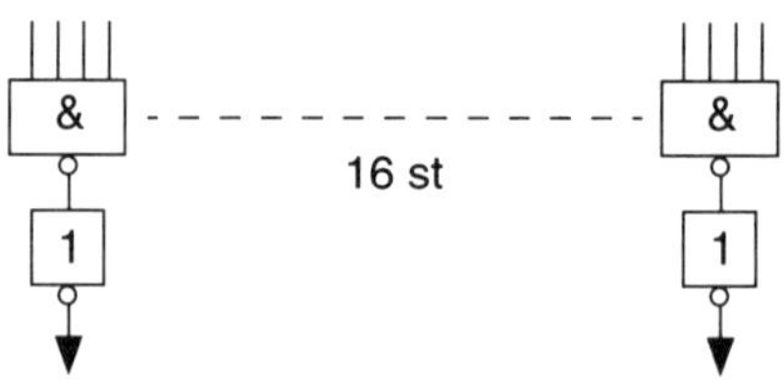

Alternativ 2. Gruppavkodare 1 + 3. Kostnad: 128

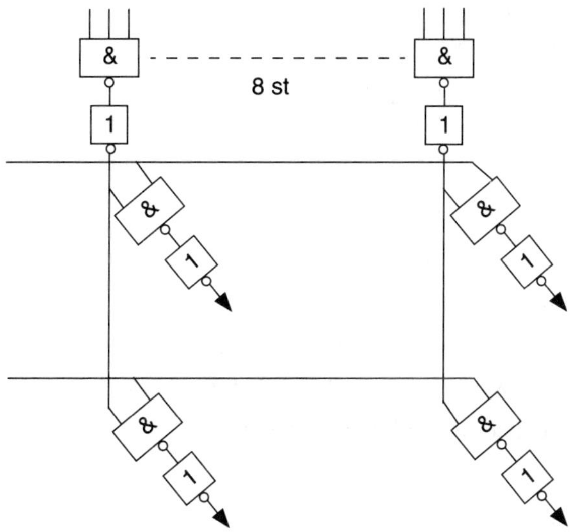

Alternativ 3. Gruppavkodare 2 + 2. Kostnad: 120

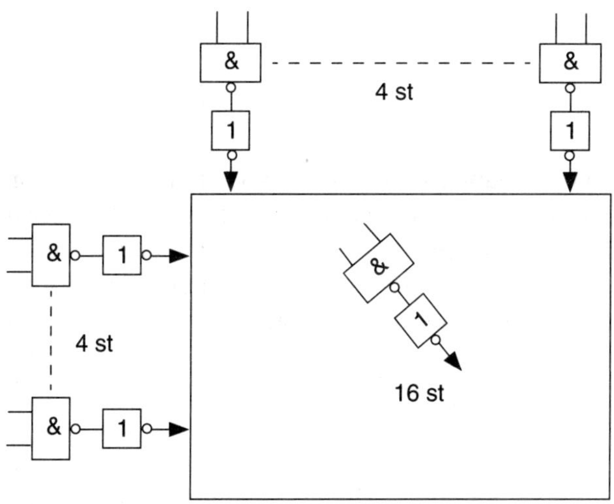

5.8 Analys av nätet ger följande Karnaughdiagram

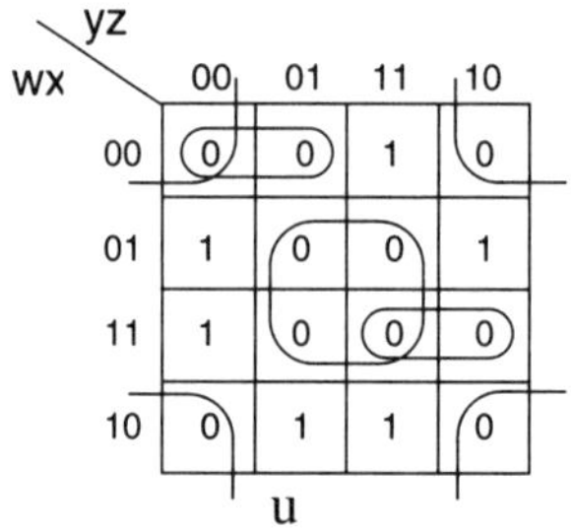

och funktionsuttrycket

$$u = (x'z' + wxy + w'x'y' + xz)' =$$
$$(x + z)(w' + x' + y')(w + x + y)(x' + z')$$

Vilket realiseras med NOR-grindar:

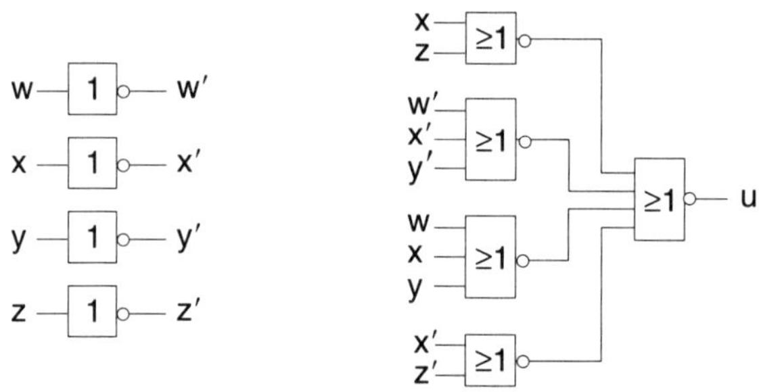

5.9 Vilka tre variabler som helst kan styra multiplexern, som då väljer funktioner av de övriga två variablerna. Dessa funktioner hittas enklast om man låter antingen vwx (se Karnaughdiagrammets rader) eller vyz (kolumner) styra multiplexern. I detta fall visar det sig vara bäst att styra med vyz, vilket ger totalt 17 ingångar. Styr man med vwx krävs det 19.

v	y	z	u = f(w, x)
0	0	0	w′
0	0	1	x
0	1	0	w
0	1	1	wx
1	0	0	w + x
1	0	1	wx
1	1	0	x′
1	1	1	wx

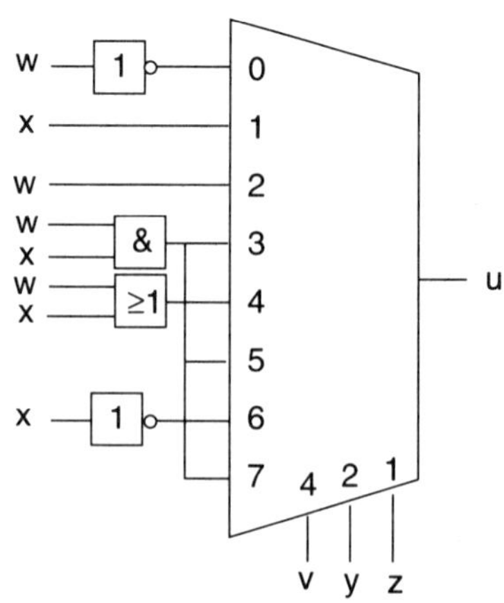

5.10 Mux-utgången = 1 endast om den av 421-ingångarna valda ingången = 1. Detta inträffar enbart för insignalkombinationen wxyz = 1000. För övriga kombinationer är mux-utgången = 0. Hur de övriga komponenterna påverkar utgången anses självklart.

a) Följande Karnaughdiagram kan ställas upp:

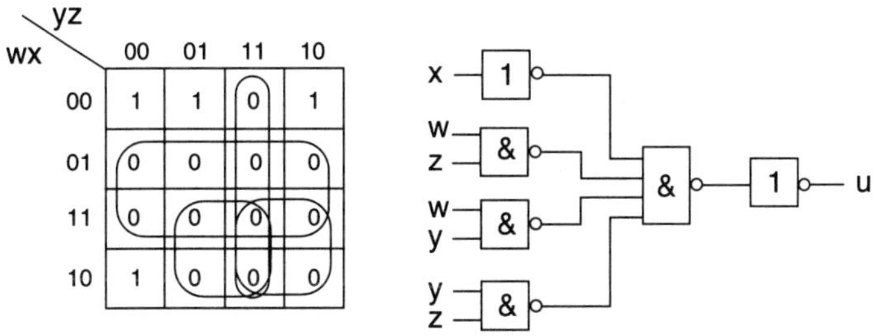

u′ = x + wz + wy + yz

Den disjunktiva realiseringen av u ger 16 ingångar mot 12 i lösningen ovan.

b) Oavsett hur styrningen väljs krävs tre 4/1-multiplexrar. Om den avslutande muxen styrs med wx erhålls lösningen

wx	u = f(y, z)
00	(yz)′
01	0
10	y′z′
11	0

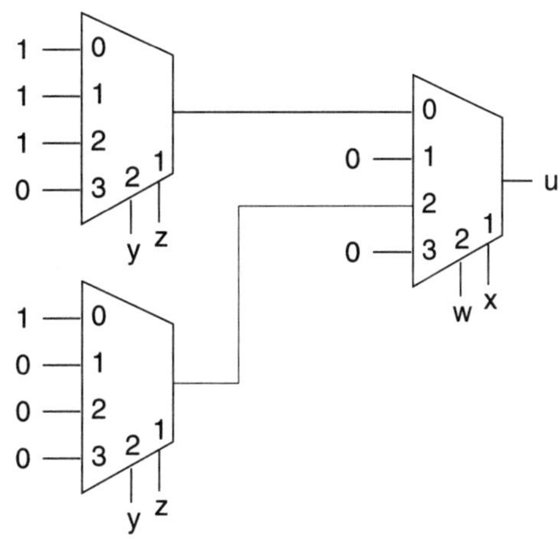

5.11 Funktionstabell blir enligt nedan

x_1	x_2	x_3	x_4	n_1	n_2	n_3
0	0	0	0	0	0	0
0	0	0	1	1	0	1
0	0	1	0	1	0	1
0	0	1	1	1	0	1
0	1	0	0	1	0	1
0	1	0	1	1	0	1
0	1	1	0	1	0	1
0	1	1	1	1	0	1
1	0	0	0	0	0	1
1	0	0	1	1	0	1
1	0	1	0	1	0	1
1	0	1	1	1	0	1
1	1	0	0	0	1	0
1	1	0	1	1	0	1
1	1	1	0	0	1	1
1	1	1	1	1	0	0

Lösning med grindar ger:

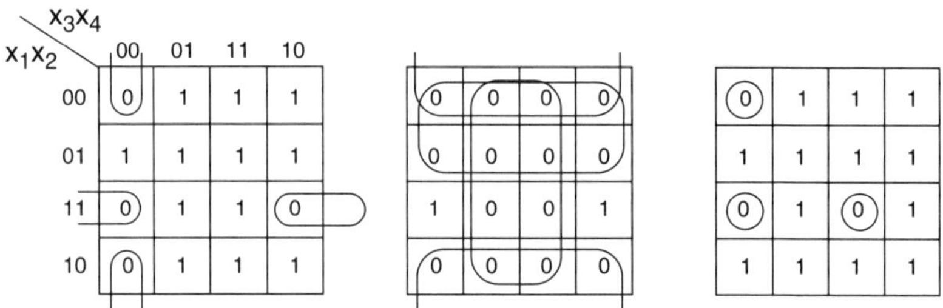

n_1 n_2 n_3

$$n_1' = x_2'x_3'x_4' + x_1x_2x_4'$$
$$n_2' = x_1' + x_2' + x_4$$
$$n_3' = x_1'x_2'x_3'x_4' + x_1x_2x_3'x_4' + x_1x_2x_3x_4$$

$$n_1 = ((x_2 + x_3 + x_4)' + \underline{(x_1' + x_2' + x_4)'})'$$
$$n_2 = \underline{(x_1' + x_2' + x_4)'}$$
$$n_3 = ((x_1 + x_2 + x_3 + x_4)' + (x_1' + x_2' + x_3 + x_4)' + (x_1' + x_2' + x_3' + x_4')')'$$

Grindlösningen ger 27 ingångar.

Lös n_3 med multiplexer (styr med x_1x_2):

x_1 x_2	n_3
0 0	$x_3 + x_4 = ((x_3 + x_4)')'$
0 1	1
1 0	1
1 1	$x_3 \oplus x_4 = ((x_3 + x_4)' + (x_3' + x_4')')'$

Vi får nu ett nät med 25 ingångar (styrs multiplexern med x_3x_4 blir antalet ingångar 23):

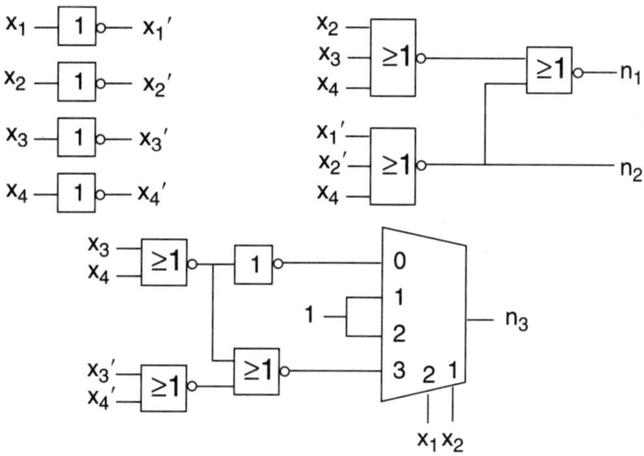

5.12 Funktionstabell blir enligt

x_1	x_2	y_1	y_2	u_1	u_2
0	0	0	0	0	0
0	0	0	1	0	1
0	0	1	0	1	0
0	0	1	1	1	1
0	1	0	0	0	1
0	1	0	1	0	0
0	1	1	0	0	1
0	1	1	1	1	0
1	0	0	0	1	0
1	0	0	1	0	1
1	0	1	0	0	0
1	0	1	1	0	1
1	1	0	0	1	1
1	1	0	1	1	0
1	1	1	0	0	1
1	1	1	1	0	0

Man inser att U blir ett udda tal om endera av X eller Y är udda, d.v.s.

$$u_2 = x_2 \oplus y_2$$

u_1 löses enklast med multiplexer (undersök grindalternativet). Multiplexern styrs med x_1x_2.

x_1 x_2	u_1
0 0	y_1
0 1	$y_1y_2 = (y_1' + y_2')'$
1 0	$y_1' \cdot y_2' = (y_1 + y_2)'$
1 1	y_1'

Detta ger nätet med 14 ingångar:

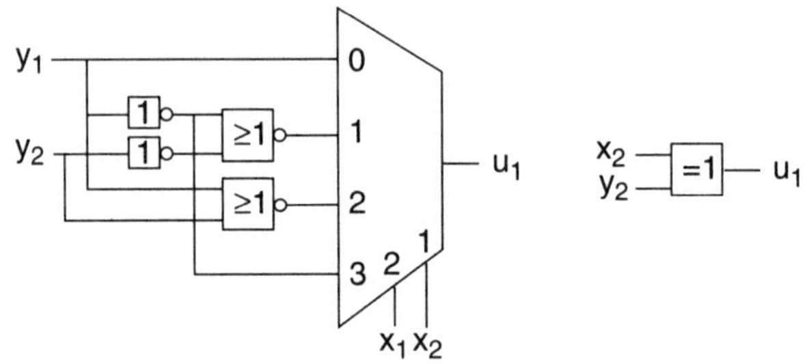

5.13 Funktionstabell blir:

s_1	s_2	x_1	x_2	y_1	y_2	y_3
0	0	0	0	0	0	0
0	0	0	1	0	0	1
0	0	1	0	0	1	0
0	0	1	1	0	1	1
0	1	0	0	0	0	1
0	1	0	1	0	1	0
0	1	1	0	0	1	1
0	1	1	1	1	0	0
1	0	0	0	0	1	0
1	0	0	1	0	1	1
1	0	1	0	1	0	0
1	0	1	1	1	0	1
1	1	0	0	0	0	0
1	1	0	1	0	1	0
1	1	1	0	1	0	0
1	1	1	1	1	1	0

Karnaughdiagrammen blir:

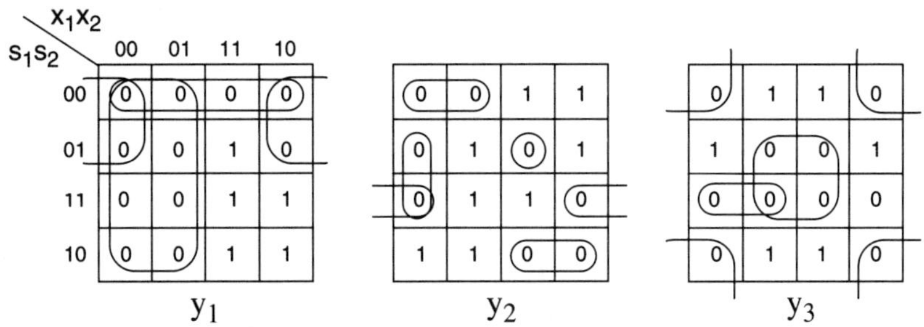

Grindlösning:

$$y_1 = (x_1' + s_1's_2' + s_1'x_2')'$$
$$y_2 = (s_1's_2'x_1' + s_2x_1'x_2' + s_1's_2x_1x_2 + s_1s_2'x_1 + s_1s_2x_2')'$$
$$y_3 = (s_2x_2 + s_2'x_2' + s_1s_2)'$$

Totalt (27 + 4) ingångar.

Realiseringen av y_1 och y_3 kräver 5 repektive 6 ingångar. Realiseringen av y_2 kräver däremot 16 ingångar och här bör multiplexeralternativet bli bättre.

s_1 s_2	y_2
0 0	x_1
0 1	$x_1 \oplus x_2 = (x_1'x_2' + x_1x_2)'$
1 0	x_1'
1 1	x_2

Nätet, med 25 ingångar, blir:

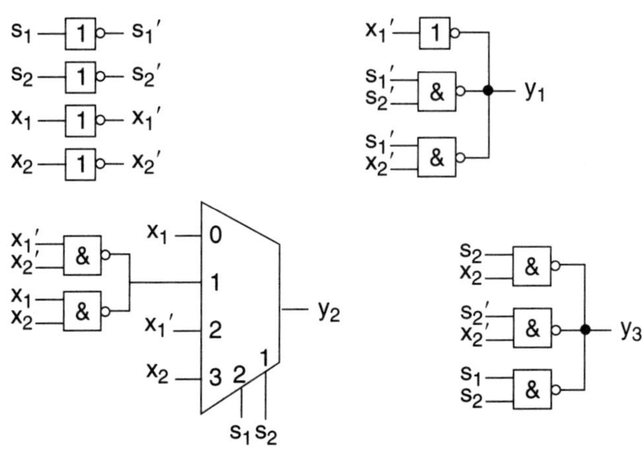

5.14 Undersök avkodarens utsignaler för de olika sjusegmentkoderna:

Decimalt	a b f g	
0	1 1 1 0	$y_{14} = 1$
1	0 1 0 0	$y_4 = 1$
2, 3	1 1 0 1	$y_{13} = 1$
4	0 1 1 1	$y_7 = 1$
5, 6	1 0 1 1	$y_{11} = 1$
7	1 1 0 0	$y_{12} = 1$
8, 9	1 1 1 1	$y_{15} = 1$

Talen 2 och 3, 5 och 6, 8 och 9 kan separeras med e. För 2, 6 och 8 är e = 1 och för 3, 5 och 9 är e = 0.

I renodlad en-av-alla-lösning erhålls:

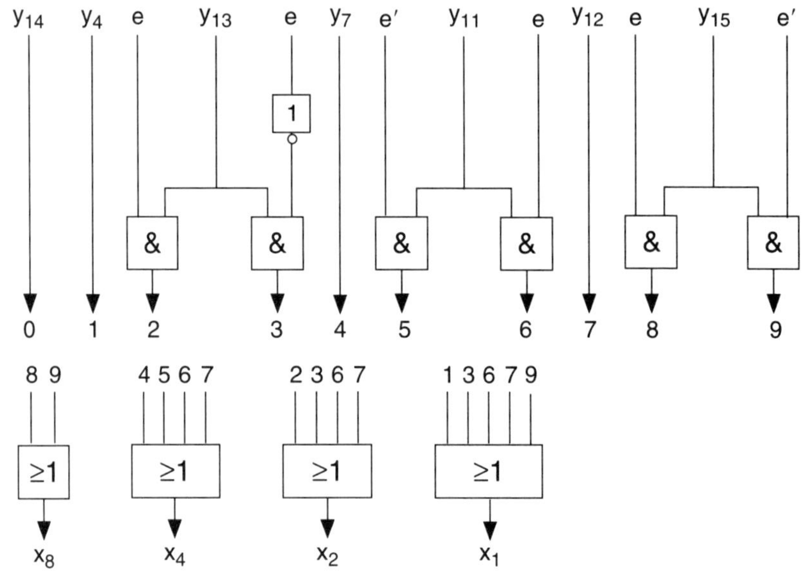

Detta ger tyvärr 28 ingångar.

Följande förenklingar är dock uppenbara och nätet med 20 ingångar blir:

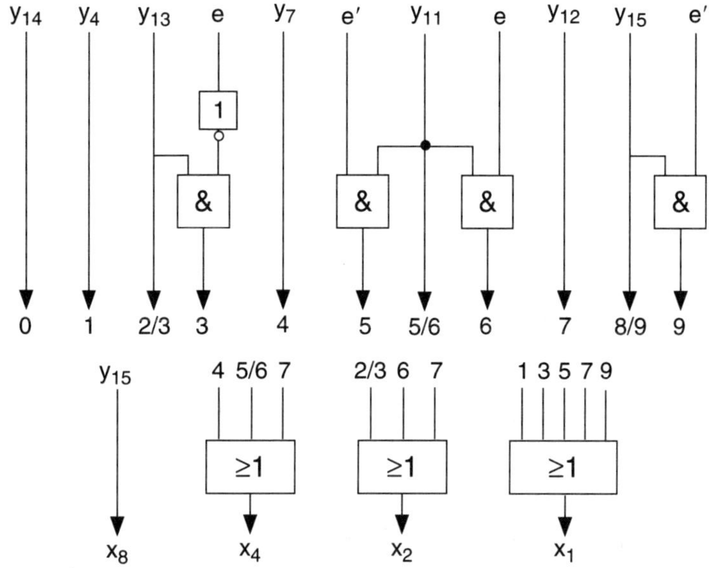

Ytterligare förenklingar är möjliga (genom att t.ex. utnyttja att e = 0 för alla udda siffror samt för 4, vilket ger 11 ingångar).

6 Kretsteknologier

6.1 a) För hög utgång: $\dfrac{I_{OH}}{I_{IH}} = 400/40 = 10$

För låg utgång: $\dfrac{I_{OL}}{I_{IL}} = 16/1{,}6 = 10$

b) För hög utgång: $\dfrac{I_{OH}}{I_{IH}} = 400/20 = 20$

För låg utgång: $\dfrac{I_{OL}}{I_{IL}} = 8/0{,}4 = 20$

6.2 a) $R = \dfrac{V_{CC} - V_{OL} - 1{,}6}{10^{-2}} = (5 - 0{,}4 - 1{,}6)100 = 300 \text{ ohm}$

b) Exakt samma koppling kan användas för grindar med totempole-utgång.

6.3 a) $V_{OH} - V_{IH} = 2{,}7 - 2{,}0 = 0{,}7 \text{ V}$
$V_{IL} - V_{OL} = 0{,}8 - 0{,}5 = 0{,}3 \text{ V}$

b) $V_{OH} - V_{IH} = 3{,}84 - 2{,}0 = 1{,}84 \text{ V}$
$V_{IL} - V_{OL} = 0{,}8 - 0{,}33 = 0{,}47 \text{ V}$

6.4 Antag att kopplingens fan-out är n. Störmarginalerna ska inte påverkas.

Följande strömmar flyter när kopplingen ger logiskt ett:

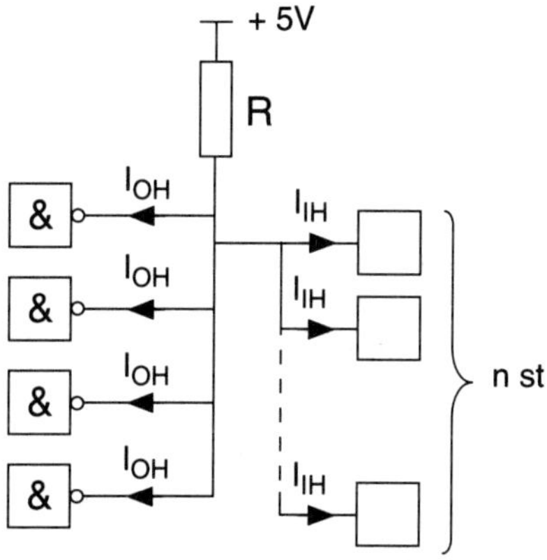

$$V_{CC} - (4 \cdot I_{OH} + n \cdot I_{IH})R \geq V_{OH}$$

$$5 - (10^{-3} + 4n \cdot 10^{-5})R \geq 2{,}4$$

$$R \leq \frac{2{,}6}{10^{-3} + 4n \cdot 10^{-5}}$$

När kopplingen ger logiskt noll inträffar värsta fallet om en grind ensam ska sänka all ström:

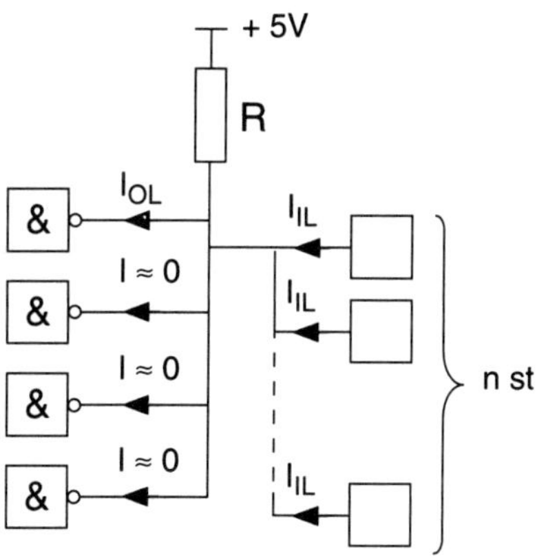

$$V_{CC} - (I_{OL} - n \cdot I_{IL})R \leq V_{OL}$$

$$5 - (16 \cdot 10^{-3} - 1{,}6n \cdot 10^{-3})R \leq 0{,}4$$

$$R \geq \frac{4{,}6}{16 \cdot 10^{-3} - 1{,}6n \cdot 10^{-3}}$$

Olikheterna

$$\frac{4{,}6}{16 \cdot 10^{-3} - 1{,}6n \cdot 10^{-3}} \le R \le \frac{2{,}6}{10^{-3} + 4n \cdot 10^{-5}}$$

”möts” för $n \approx 8{,}5$, d.v.s. fan-out är 8.

Insättning av $n = 8$ ger $1437 \le R \le 1969$ och vi väljer t.ex. standardvärdet 1,8 k.

6.5 När omkopplaren inte ger kontakt flyter ström ut från grinden enligt figur

$$I_{IL} \cdot R \le V_{OL}$$

$$R \le \frac{V_{OL}}{I_{IL}} = \frac{0{,}5}{0{,}4 \cdot 10^{-3}} = 1{,}25 \text{ kohm}$$

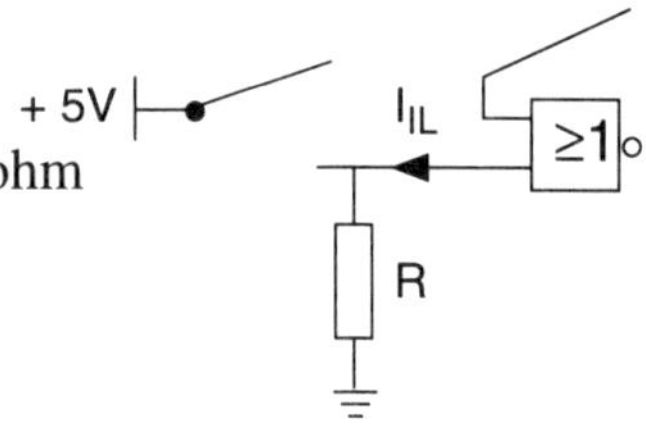

När omkopplaren ger kontakt får vi

$$P = \frac{U^2}{R} \le P_{max}$$

$$R \ge \frac{U^2}{P_{max}} = \frac{25}{0{,}25} = 100 \text{ ohm}$$

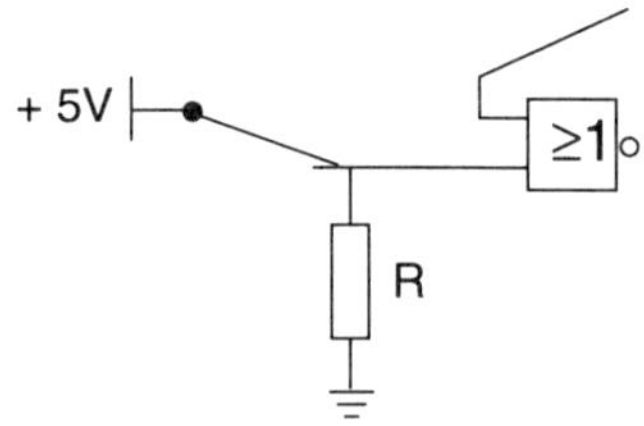

Ur störningssynpunkt är det viktigt att komma nära jord när kontakten är öppen. Vi väljer därför t.ex. standardvärdet 120 ohm.

7 Permanenta minnen

7.1

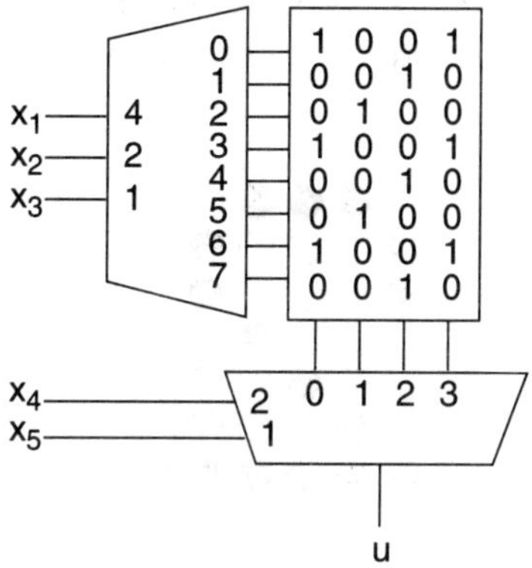

7.2 Ett av ROMen används för att realisera |X + Y|, det andra för |X – Y|. De båda ROMens tristate-utgångar styrs med inverterad respektive rättvänd s-signal och kan därför trådas.

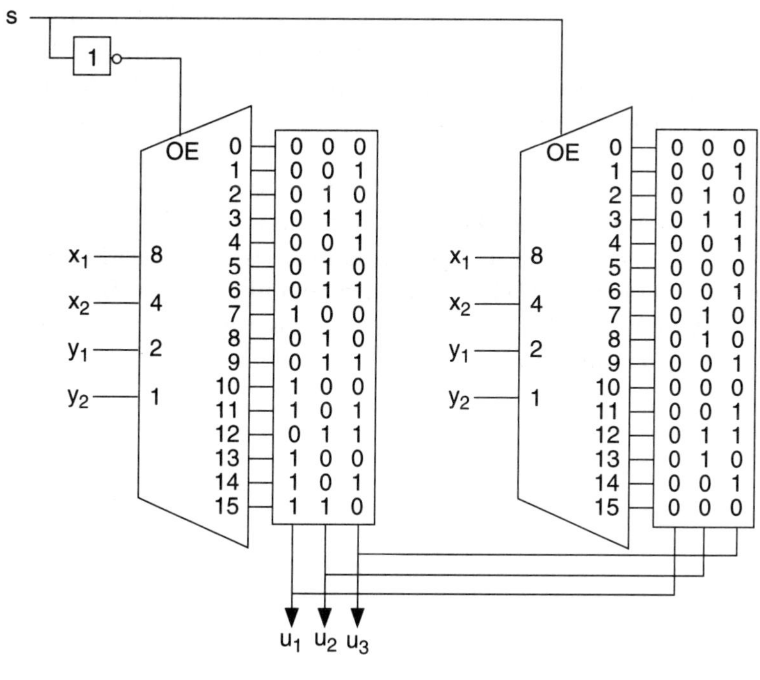

7.3 ASCII-koden för 7 bitar uppträder normalt med $2^7 = 128$ kombinationer. I texten till uppgiften anges att endast versaler och siffror används i detta fall. Låt de sju insignalerna överensstämma med b_1–b_7 i kodtabellen. Endast de tre kolumnerna 3, 4 och 5 i kodtabellen behöver användas. Dessa kan definieras med $b_6b_5 = 11$, 00 respektive 01 vilket gör att b_7 inte behöver användas. De aktuella 39 kombinationerna kan alltså detekteras med en ofullständig 6-bitars avkodare. Varje tecken ska tilldelas ett rastermönster. För A och 2 kan de t.ex. ges nedanstående form.

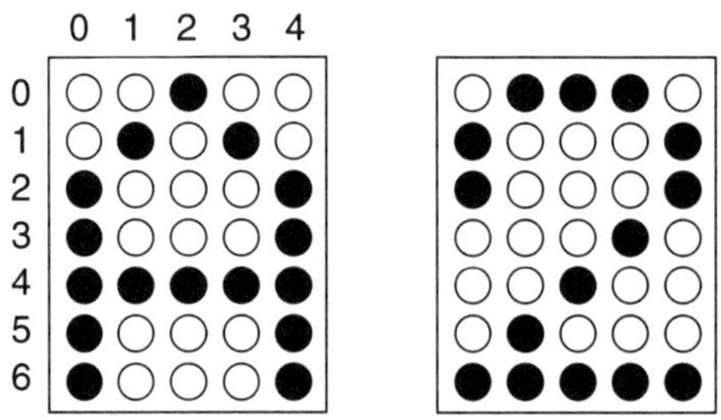

Minnets totala kapacitet blir $39 \times 5 \times 7 = 1\,365$ bitar, som naturligtvis kan organiseras på flera olika sätt.

Med hänsyn till att fördröjningstiden (accesstiden) genom multiplexern är kortare än genom minnesarean är det dock i detta fall naturligt att låta $w = 39$ och $b = 35$. Multiplexern konstrueras lämpligen i 2 nivåer för val av rad och kolumn. Med trådade NAND-grindar blir lösningen enligt figuren nedan.

Anmärkning: De s.k. "character generators" som saluförs av halvledarfabrikanterna adresseras antingen med B, X eller B, Y, så att 7×5-tecknen kommer ut rad- eller kolumnvis. Ett sådant ROM kan lätt konverteras till det här beskrivna genom tillägg av en 5/1- eller 7/1-multiplexer (i båda fallen tillgrips förstås i praktiken den standardiserade 8/1-multiplexern).

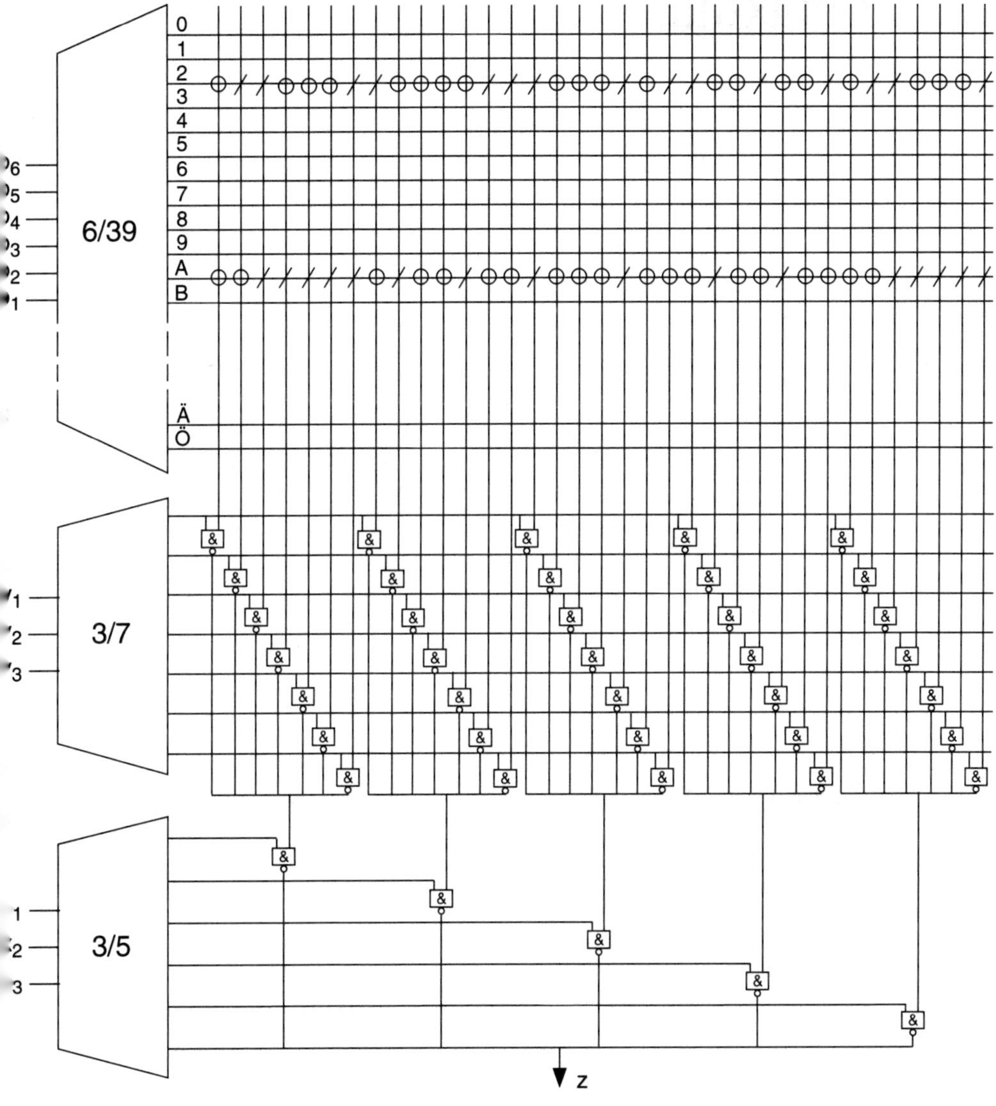
6/39
0
1
2
3
4
5
6
7
8
9
A
B
Ä
Ö
3/7
3/5
z

8 Kontaktnät

8.1 a) Disjunktiv minimalform

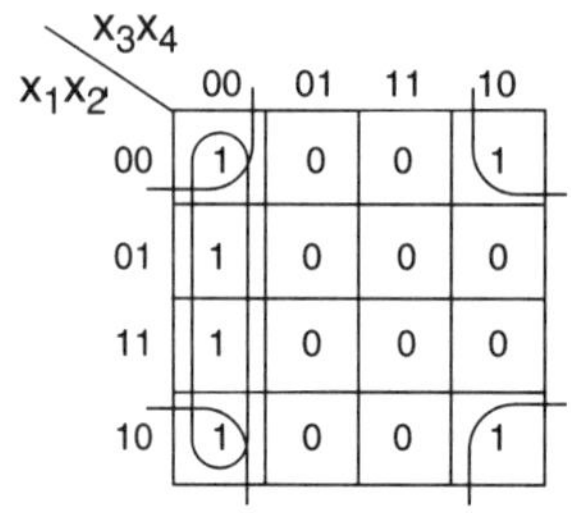

$f = x_2'x_4' + x_3'x_4' = (x_2' + x_3')x_4'$

Konjunktiv minimalform

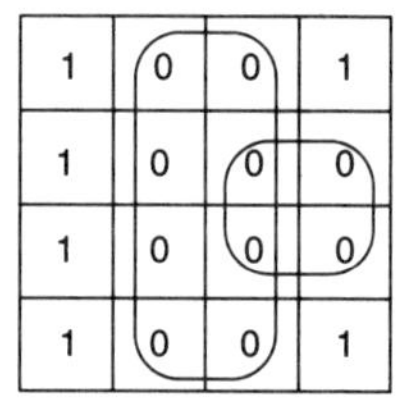

$f = (x_2' + x_3')x_4'$

b) Disjunktiv minimalform

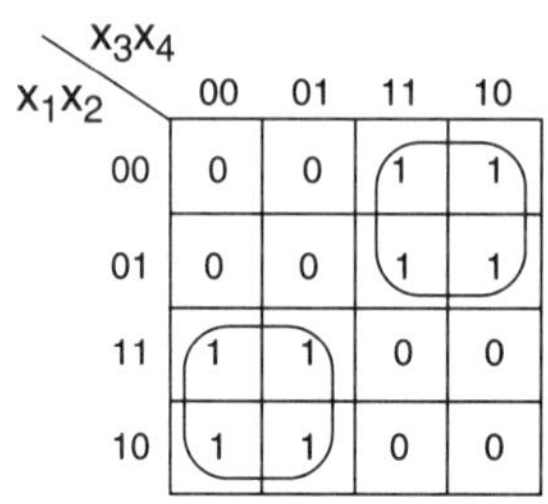

$f = x_1'x_3 + x_1x_3'$

Konjunktiv minimalform

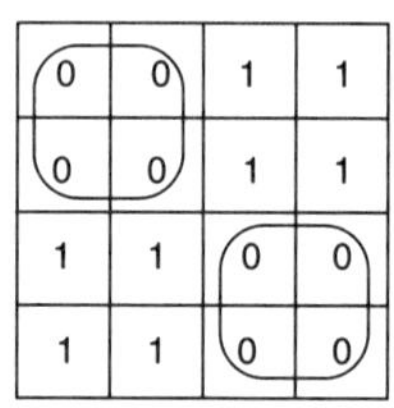

$f = (x_1 + x_3)(x_1' + x_3')$

c) Disjunktiv minimalform

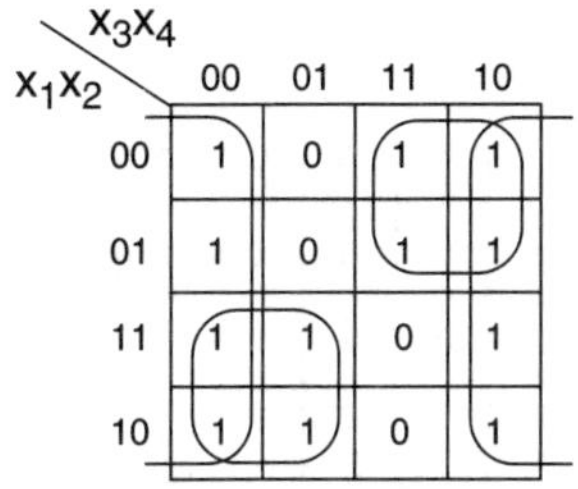

$f = x_4' + x_1'x_3 + x_1x_3'$

Konjunktiv minimalform

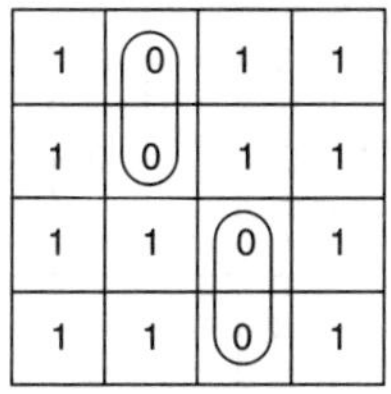

$f = (x_1+x_3+x_4')(x_1'+x_3'+x_4')$
$= (x_1 + x_3)(x_1' + x_3') + x_4'$

d) Disjunktiv minimalform

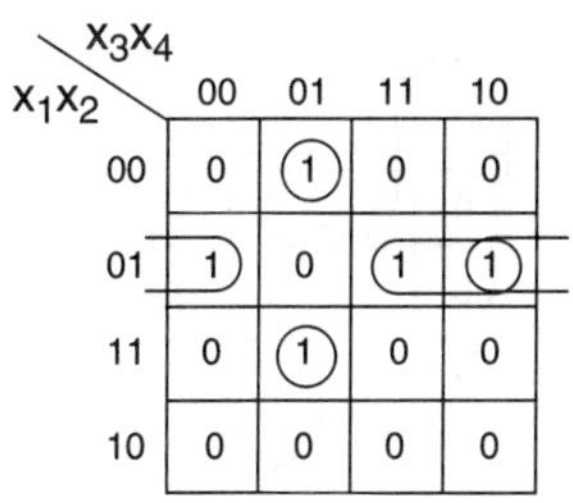

$f = x_1'x_2x_4' + x_1'x_2x_3 + x_1'x_2'x_3'x_4 + x_1x_2x_3'x_4 =$
$= x_1'x_2(x_4' + x_3) + (x_1'x_2' + x_1x_2)x_3'x_4'$

Konjunktiv minimalform

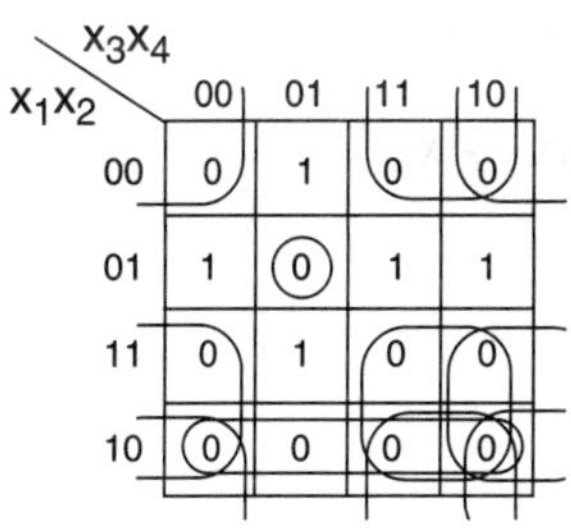

$f = (x_2 + x_4)(x_1'+x_4)(x_2+x_3')(x_1'+x_3')(x_1'+x_2)(x_1+x_2'+x_3+x_4') =$
$= (x_2x_1' + x_4)(x_2x_1' + x_3')(x_1' + x_2)(x_1 + x_2' + x_3 + x_4') =$
$= (x_2x_1' + x_4x_3')(x_1' + x_2)(x_1 + x_2' + x_3 + x_4')$

e) Disjunktiv minimalform

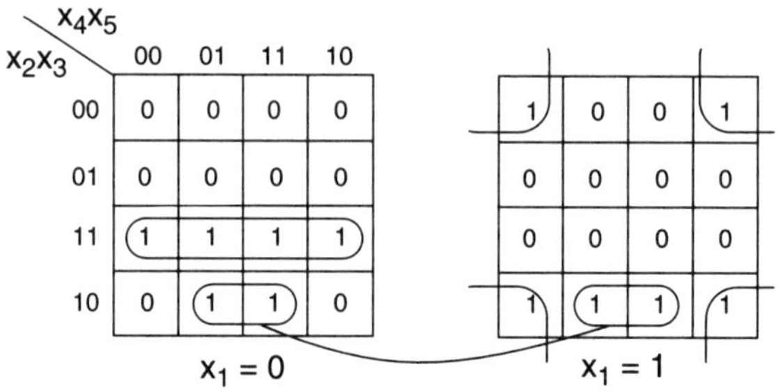

$$f = x_1'x_2x_3 + x_1x_3'x_5' + x_2x_3'x_5 = x_2(x_1'x_3 + x_3'x_5) + x_1x_3'x_5'$$

Konjunktiv minimalform

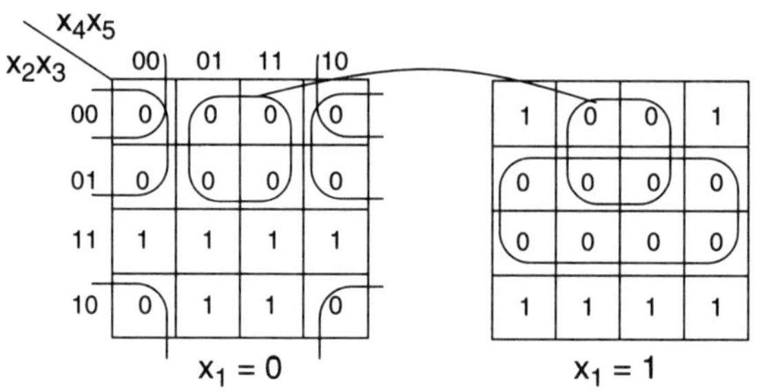

$$f = (x_1 + x_3 + x_5)(x_1 + x_2)(x_1' + x_3')(x_2 + x_5')$$
$$= (x_1 + x_2(x_3 + x_5))(x_1' + x_3')(x_2 + x_5')$$

8.2 a) p-sidan: $f(x_1', x_2', x_3', x_4') = (x_2 + x_3)x_4$

n-sidan: $f'(x_1, x_2, x_3, x_4) = x_2x_3 + x_4$

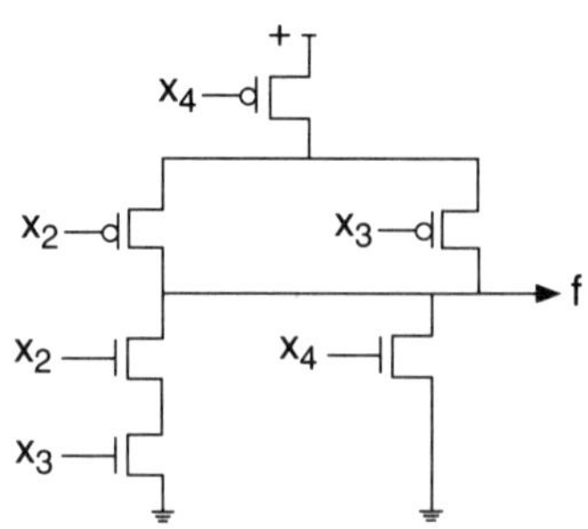

b) p-sidan: $f(x_1', x_2', x_3', x_4') = x_1'x_3 + x_1x_3'$

n-sidan: $f'(x_1, x_2, x_3, x_4) = x_1x_3 + x_1'x_3'$

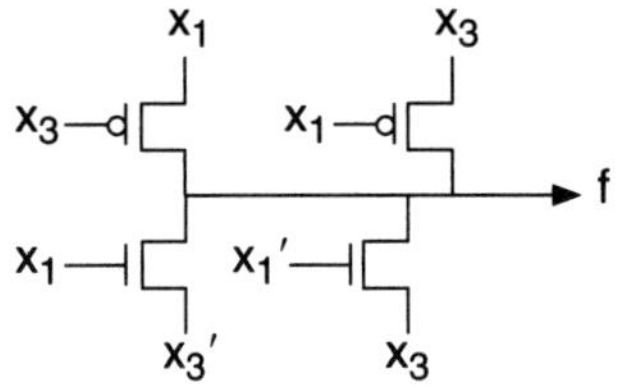

c) p-sidan: $f(x_1', x_2', x_3', x_4') = x_4 + x_1x_3' + x_1'x_3$

n-sidan: $f'(x_1, x_2, x_3, x_4) = x_4(x_1'+x_3)(x_1+x_3') = x_4(x_1'x_3'+x_1x_3)$

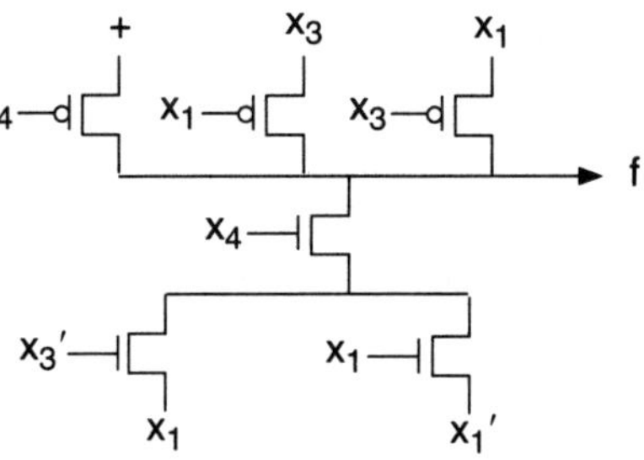

9 Sekvensnätsmodellen

9.1 a) Ja, ty för varje par av tillstånd <Q_i, Q_j> finns en branchväg som börjar i Q_i och slutar i Q_j.

b) δ-λ-tabellen blir

δ–λ	X_1	X_2
Q_1	$Q_2(U_1)$	$Q_1(U_1)$
Q_2	$Q_1(U_2)$	$Q_3(U_2)$
Q_3	$Q_2(U_1)$	$Q_3(U_2)$

c) $(Q_1, X_2X_1X_2X_2X_2) = Q_1\ Q_2\ Q_3\ Q_3\ Q_3$
$(Q_1, X_2X_1X_1X_1X_2) = U_1\ U_1\ U_2\ U_1\ U_2$
$(Q_2, X_1X_1X_2X_2X_2X_1) = Q_1\ Q_2\ Q_3\ Q_3\ Q_3\ Q_2$
$(Q_3, X_2X_2X_1X_2X_1X_2) = U_2\ U_2\ U_1\ U_2\ U_1\ U_2$

9.2 a) Tillståndsgrafen blir

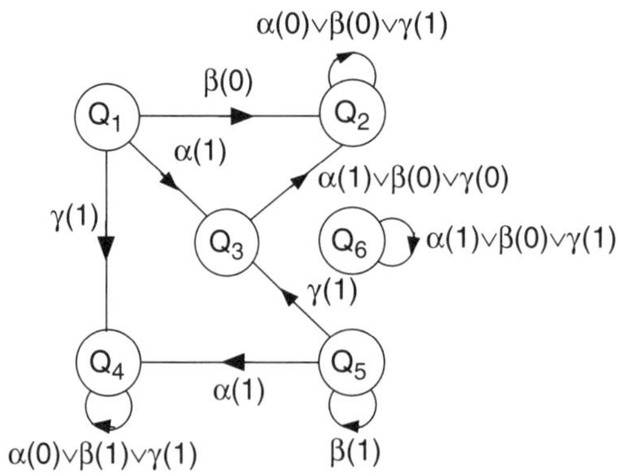

b) (i) Q_1 och Q_5 är förlusttillstånd
(ii) Q_2 och Q_6 är stopptillstånd
(iii) Q_6 är isolerat tillstånd

c) (i) Om ett tillstånd Q_i är ett förlusttillstånd så leder inga brancher, bortsett från brancher från tillståndet självt, in till tillståndet. Detta motsvarar i δ-λ-tabellen att om tillståndet Q_i förekommer i någon kolumn så är det i rad Q_i.

(ii) Om ett tillstånd Q_i är ett stopptillstånd så leder alla brancher från tillståndet till tillståndet självt. Detta motsvarar i δ-λ-tabellen att i rad Q_i förekommer endast Q_i som nästa tillstånd.

(iii) Om ett tillstånd Q_i är isolerat så leder inga brancher, bortsett från brancher från tillståndet självt, till tillståndet och alla brancher från tillståndet leder till tillståndet självt. Detta motsvarar i δ-λ-tabellen att Q_i förekommer endast i rad Q_i, där det förekommer som nästa tillstånd i varje kolumn.

d) Ett nödvändigt villkor för att en tillståndsgraf ska vara starkt förbunden är att den inte innehåller förlust-, stopp- eller isolerade tillstånd. Tillståndsgrafen i detta exempel är således ej starkt förbunden.

9.3 a) Vi kodar tillstånden enligt tabellen till höger och erhåller då följande flödestabell och Karnaughdiagram.

Q	$<q_1,q_2>$
Q_1	00
Q_2	01
Q_3	11
Q_4	10

δ-λ	x = 0	x = 1
0 0	00(0)	10(0)
0 1	01(1)	00(0)
1 1	11(1)	11(0)
1 0	10(0)	01(1)

q_1^+:

q_1q_2 \ x	0	1
00	0	1
01	0	0
11	1	1
10	1	0

q_2^+:

q_1q_2 \ x	0	1
00	0	0
01	1	0
11	1	1
10	0	1

u:

q_1q_2 \ x	0	1
00	0	0
01	1	0
11	1	0
10	0	1

Ur Karnaughdiagrammen erhålls funktionerna

$$q_1^+ = q_1'q_2'x + q_1x' + q_1q_2$$
$$q_2^+ = q_1q_2'x + q_2x' + q_1q_2$$
$$u = q_1q_2'x + q_2x'$$

som kan realiseras med nätet nedan

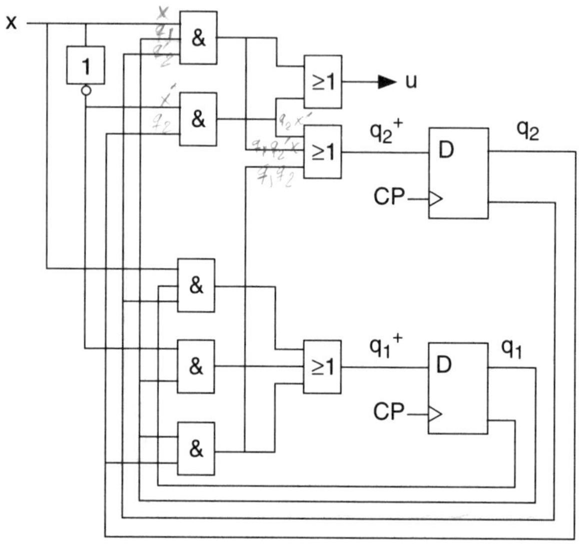

b) Realiserar vi δ-λ-kombinatoriken i Mealy (eller Moore)-modellen med ett permanentminne erhålls ett generellt sekvensnät, som kan "programmeras" för godtyckliga beteenden, se figuren. Med denna metod undviks minimeringen och vi kan direkt överföra tabellen $Q^+ = \delta(Q, X)$ och $U = \lambda(Q, X)$ till permanentminnet.

I exemplet ovan blir lösningen följande:

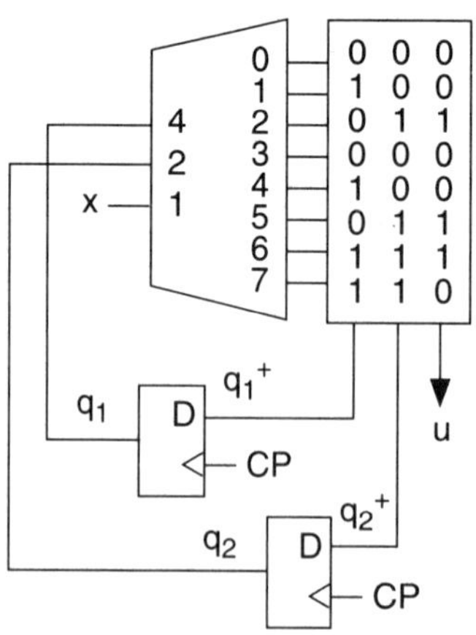

9.4 Vi erhåller följande graf och tillståndstabell utgående från starttillståndet 1:

δ–λ	x = 0	x = 1
1	1(0)	2(0)
2	1(0)	3(0)
3	4(0)	3(0)
4	1(0)	5(0)
5	1(0)	3(1)

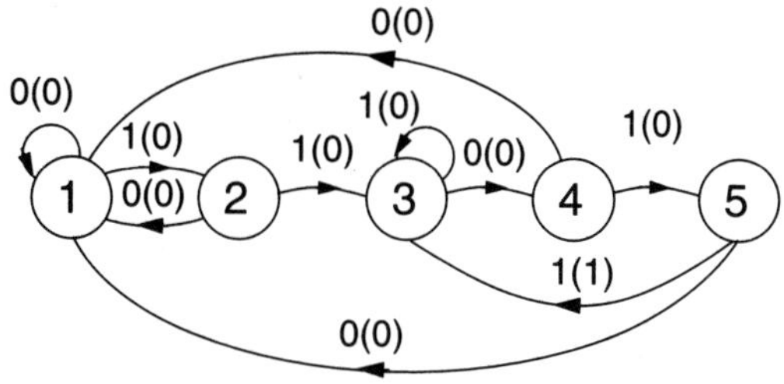

Kodning 1

Kodning och flödestabell:

Q	$<q_1,q_2,q_3>$
1	0 0 1
2	0 1 0
3	0 1 1
4	1 0 0
5	1 0 1

δ–λ	x = 0	x = 1
001	001(0)	010(0)
010	001(0)	011(0)
011	100(0)	011(0)
100	001(0)	101(0)
101	001(0)	011(1)

$q_1q_2q_3$

Ur flödestabellen erhålls Karnaughdiagrammen

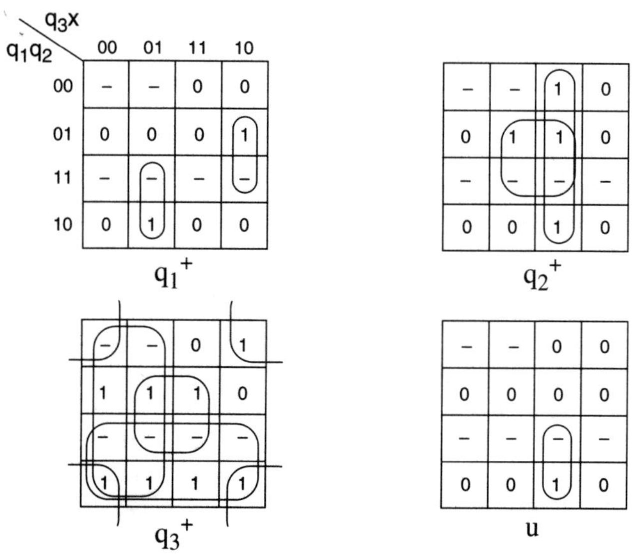

Ur Karnaughdiagrammen erhålls funktionerna

$$q_1^+ = q_1q_3'x + q_2q_3x'$$
$$q_2^+ = q_3x + q_2x$$
$$q_3^+ = q_2x + \overline{q_2'}x' + q_3' + q_1$$
$$u = q_1\overline{q_3x}$$

som kan realiseras i sekvensnätet nedan.

Kostnad: 25 ingångar (förutsatt att vipporna har inversutgång).

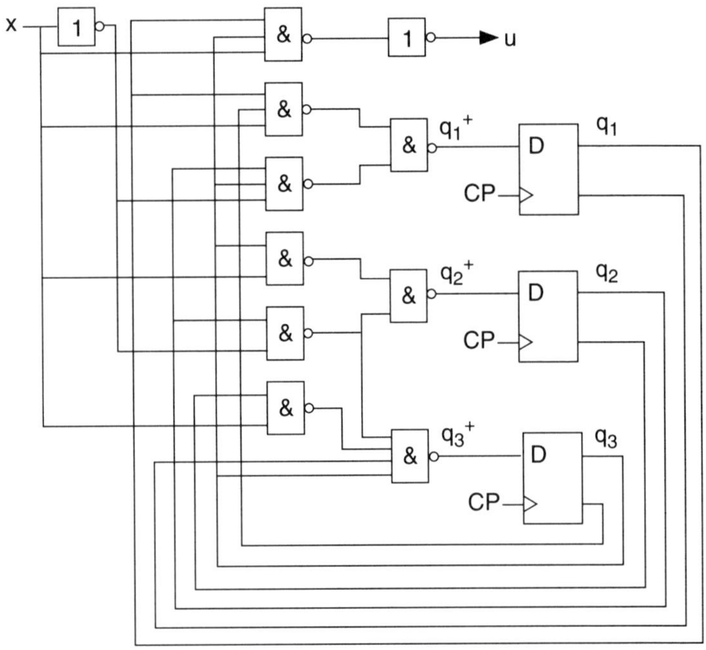

Kodning 2

Kodning och flödestabell:

Q	<q_1,q_2,q_3>
1	1 1 1
2	1 0 0
3	1 1 0
4	1 0 1
5	0 1 1

	x	
δ–λ	0	1
111	111(0)	100(0)
100	111(0)	110(0)
110	101(0)	110(0)
101	111(0)	011(0)
011	111(0)	110(1)

$q_1q_2q_3$

Ur flödestabellen erhålls Karnaughdiagrammen

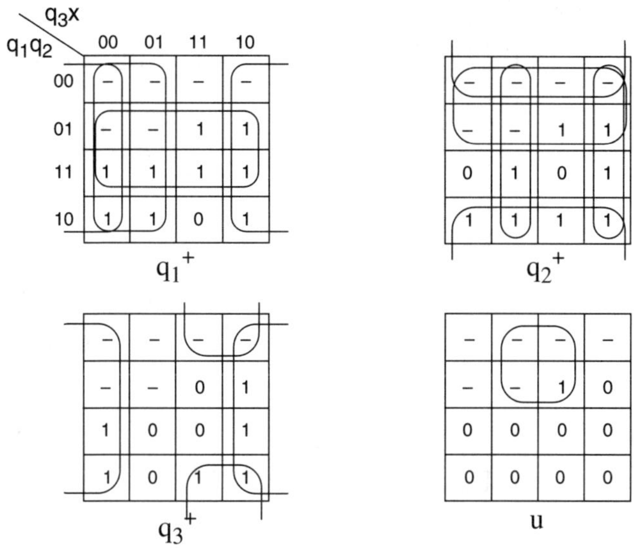

Ur Karnaughdiagrammen erhålls funktionerna

$$q_1^+ = x' + q_3' + q_2$$
$$q_2^+ = q_2' + q_1' + q_3'x + q_3x'$$
$$q_3^+ = x' + q_2'q_3$$
$$u = q_1'x$$

vilka kan realiseras med sekvensnätet nedan.

Kostnad: 19 ingångar (förutsatt att vipporna har inversutgång).

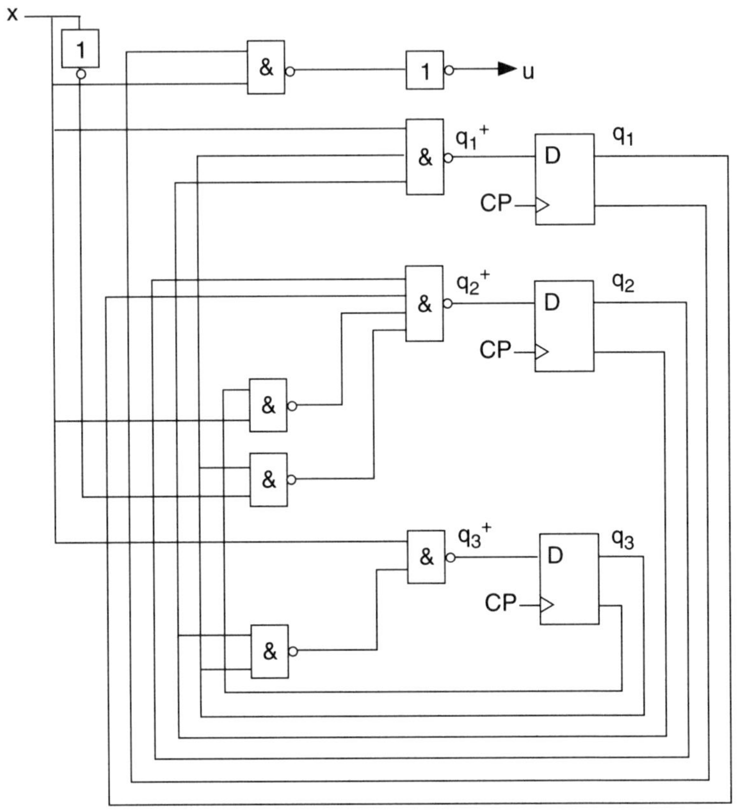

9.5 Vi får lätt nedanstående tillståndsgraf. Tillstånden 1, 2, 3, 4 och 5 anger att antalet 1:or i ingångssekvensen varit respektive 0, 1, 2, 3 och 4.

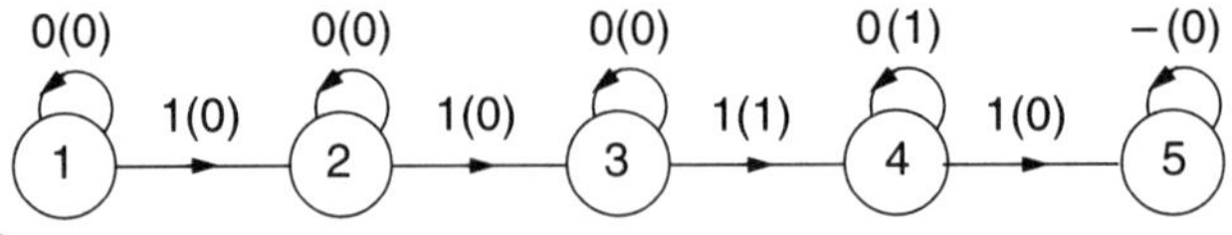

Tillståndstabell, kodning och flödestabell:

δ–λ	x = 0	x = 1
1	1(0)	2(0)
2	2(0)	3(0)
3	3(0)	4(1)
4	4(1)	5(0)
5	5(0)	5(0)

Q	$<q_1,q_2,q_3>$		
1	0	0	0
2	0	0	1
3	0	1	0
4	0	1	1
5	1	1	0

δ–λ	x = 0	x = 1
000	000(0)	001(0)
001	001(0)	010(0)
010	010(0)	011(1)
011	011(1)	110(0)
110	110(0)	110(0)

$q_1q_2q_3$

Ur flödestabellen erhålls Karnaughdiagrammen

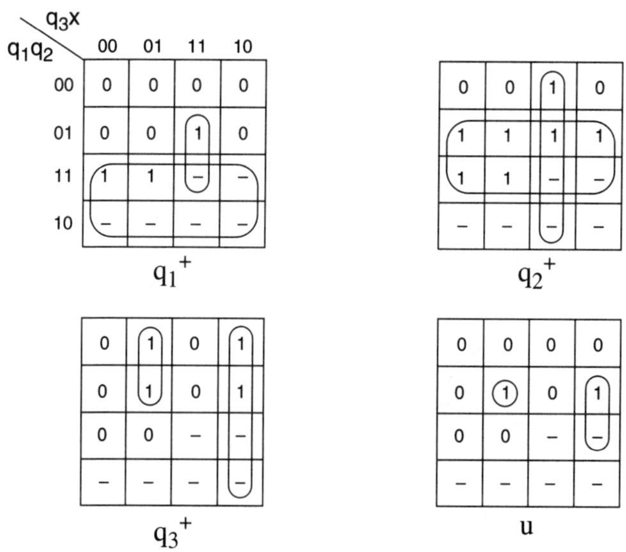

Ur Karnaughdiagrammen erhålls funktionerna

$$q_1^+ = q_1 + q_2q_3x$$
$$q_2^+ = q_2 + q_3x$$
$$q_3^+ = q_3x' + q_1'q_3'x$$
$$u = q_2q_3x' + q_1'q_2q_3'x$$

med följande realisering.

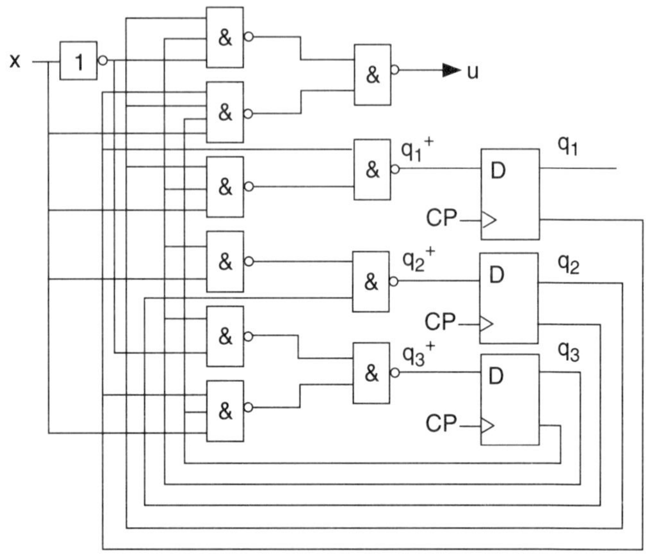

9.6 Vi får följande tillståndsgraf, där 1 innebär att de inkomna sekvenserna inte skiljer sig i någon position, 2 att X > Y och 3 att X < Y.

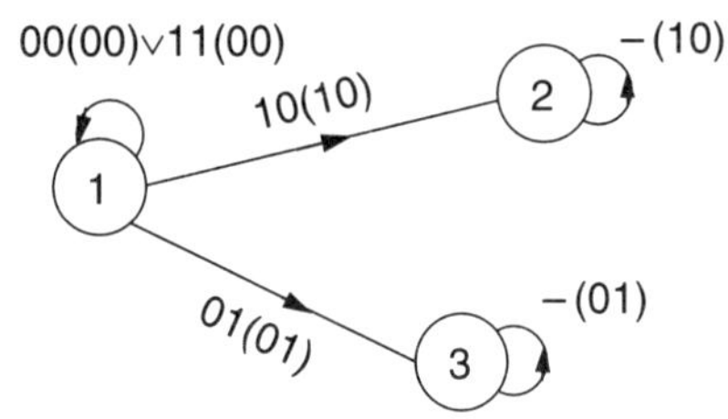

δ–λ	00	01	11	10
	xy			
1	1(00)	3(01)	1(00)	2(10)
2	2(10)	2(10)	2(10)	2(10)
3	3(01)	3(01)	3(01)	3(01)

Vi ser i tillståndstabellen ovan att utgångsvärdena är direkt knutna till tillstånden på så sätt att om nästa tillstånd är 1 erhålls utgångsvärdet 00, om nästa tillstånd är 2 erhålls utgångsvärdet 10 och om nästa tillstånd är 3 erhålls utgångsvärdet 01.

Kodar vi därför tillstånden som utgångsvärdena kan alltså u_1 och u_2 realiseras som $u_1 = q_1^+$ och $u_2 = q_2^+$.

Kodning och flödestabell:

Q	$<q_1,q_2>$
1	0 0
2	1 0
3	0 1

δ–λ	xy 00	01	11	10
00	00(00)	01(01)	00(00)	10(10)
10	10(10)	10(10)	10(10)	10(10)
01	01(01)	01(01)	01(01)	01(01)

q_1q_2

Ur flödestabellen erhålls Karnaughdiagrammen

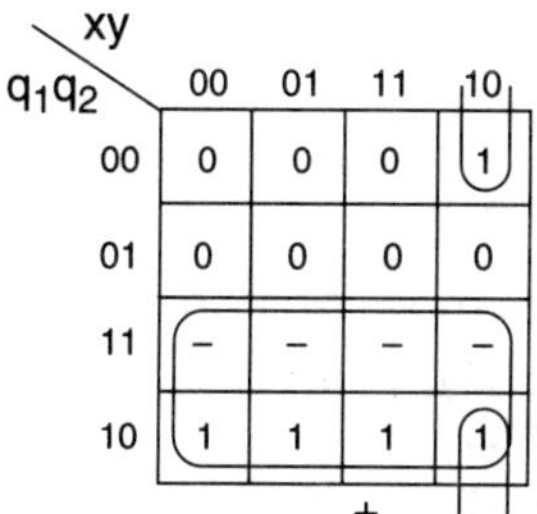

q_1^+

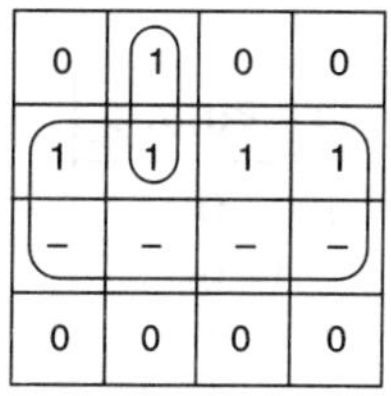

q_2^+

Ur Karnaughdiagrammen erhålls

$$q_1^+ = q_1 + q_2'xy'$$
$$q_2^+ = q_2 + q_1'x'y$$

Sekvensnätet blir

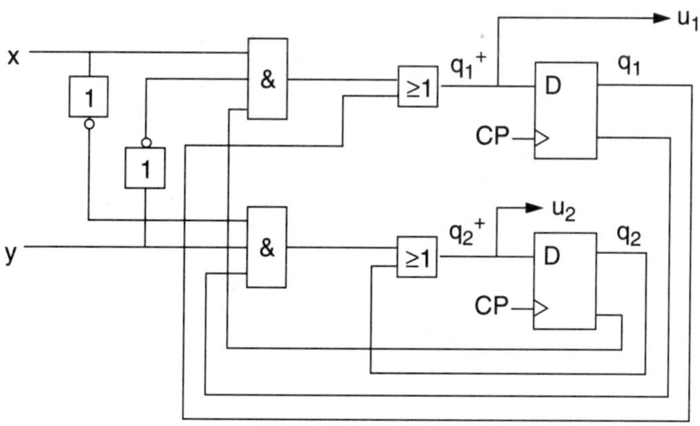

9.7 Vi får följande tillståndsgraf, där 1 innebär enbart 0:or i σ_x, 2 innebär en grupp av konsekutiva 1:or i σ_x, 3 innebär en grupp av konsekutiva 1:or följd av 0:or i σ_x och 4 flera grupper av konsekutiva 1:or i σ_x.

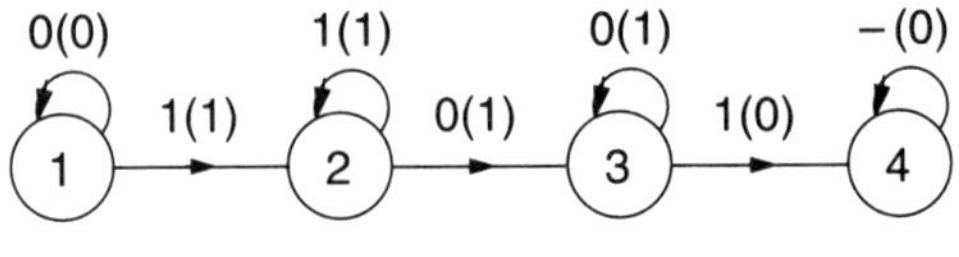

δ–λ	x: 0	1
1	1(0)	2(1)
2	3(1)	2(1)
3	3(1)	4(0)
4	4(0)	4(0)

Kodning och flödestabell:

Q	<q_1,q_2>
1	0 0
2	0 1
3	1 1
4	1 0

δ–λ (q_1q_2)	xy: 0	1
00	00(0)	01(1)
01	11(1)	01(1)
11	11(1)	10(0)
10	10(0)	10(0)

Vi ser i flödestabellen att $u = q_2^+$. För de övriga funktionerna erhålls Karnaughdiagrammen.

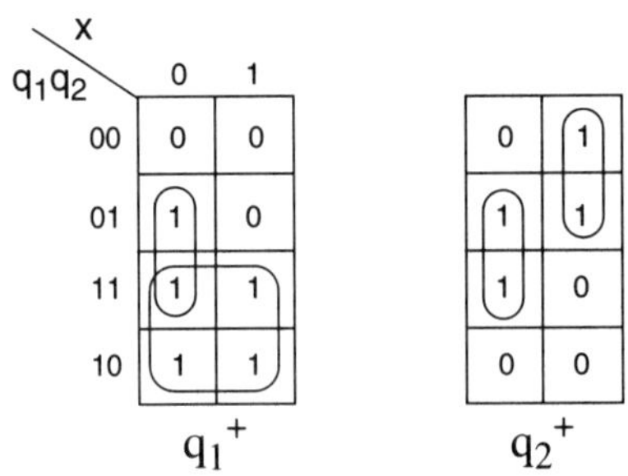

Funktionerna q_1^+, q_2^+ och u samt sekvensnätet blir

$$q_1^+ = q_1 + q_2x'$$
$$q_2^+ = q_1'x + q_2x'$$
$$u = q_2^+$$

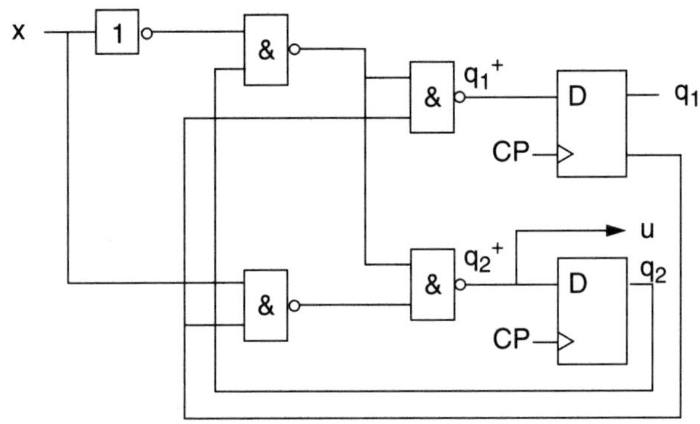

9.8 a) P_1: $\Sigma_{11} = \{1, 2, 3\}$, $\Sigma_{12} = \{4\}$, $\Sigma_{13} = \{5, 6, 7\}$

P_2: $\Sigma_{21} = \{1\}$, $\Sigma_{22} = \{2\}$, $\Sigma_{23} = \{3\}$, $\Sigma_{24} = \{4\}$, $\Sigma_{25} = \{5\}$, $\Sigma_{26} = \{6, 7\}$

$P_3 = P_2$, varför P_2 är en ekvivalenspartitionering.

Vi ser således att endast tillstånden 6 och 7 är ekvivalenta.

Betecknar vi ekvivalensklasserna enligt

$\{1\} = a$, $\{2\} = b$, $\{3\} = c$, $\{4\} = d$, $\{5\} = e$ och $\{6, 7\} = f$

erhålls följande tillståndstabell och tillståndsgraf.

	x	
δ–λ	0	1
a	d(0)	f(0)
b	c(0)	d(0)
c	c(0)	c(0)
d	c(0)	d(1)
e	f(1)	b(0)
f	f(1)	f(0)

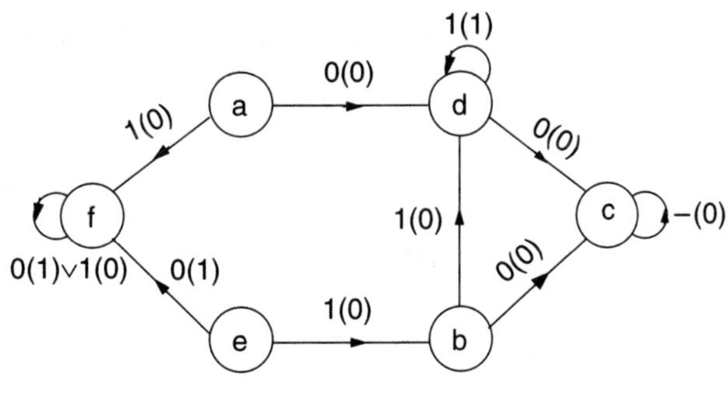

b) P_1: $\Sigma_{11} = \{1, 6\}$, $\Sigma_{12} = \{2, 3, 4\}$, $\Sigma_{13} = \{5\}$

P_2: $\Sigma_{21} = \{1, 6\}$, $\Sigma_{22} = \{2, 3\}$, $\Sigma_{23} = \{4\}$, $\Sigma_{24} = \{5\}$,

P_3: $\Sigma_{31} = \{1, 6\}$, $\Sigma_{32} = \{2\}$, $\Sigma_{33} = \{3\}$, $\Sigma_{34} = \{4\}$, $\Sigma_{35} = \{5\}$

$P_4 = P_3$, varför P_3 är en ekvivalenspartitionering.

Endast tillstånden 1 och 6 är således ekvivalenta.

Betecknar vi ekvivalensklasserna enligt

$\{1, 6\} = a$, $\{2\} = b$, $\{3\} = c$, $\{4\} = d$ och $\{5\} = e$

erhålls följande tillståndstabell och tillståndsgraf.

δ–λ	x = 0	x = 1
a	a(0)	a(1)
b	c(0)	c(0)
c	d(0)	d(0)
d	e(0)	e(0)
e	e(1)	e(0)

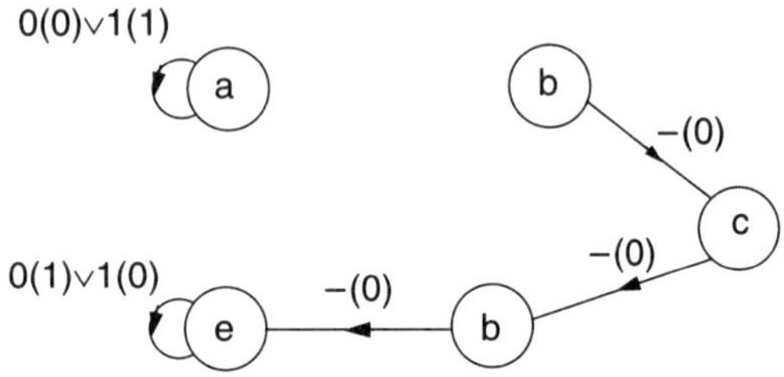

9.9 a) J_1: $\Delta_{11} = \{1, 5, 6\}$, $\Delta_{12} = \{1, 2, 3\}$, $\Delta_{13} = \{4, 6\}$
J_2: $\Delta_{21} = \{1, 5, 6\}$, $\Delta_{22} = \{1, 3\}$, $\Delta_{23} = \{4, 6\}$, $\Delta_{24} = \{2\}$
$J_3 = J_2$

Samtliga dessa maximala förenlighetsmängder krävs för det minimala nätet. Tillstånd 5 förekommer nämligen endast i Δ_{21}, tillstånd 3 endast i Δ_{22}, tillstånd 6 endast i Δ_{23} och tillstånd 2 endast i Δ_{24}.

Betecknar vi förenlighetsmängderna enligt

$\{1, 5, 6\} = a$, $\{1, 3\} = b$, $\{4, 6\} = c$, $\{2\} = d$

erhålls tillståndstabell och graf enligt nedan.

δ–λ	x = 0	x = 1
a	b(0)	c(1)
b	a(1)	a(1)
c	a(0)	d(0)
d	c(1)	b(–)

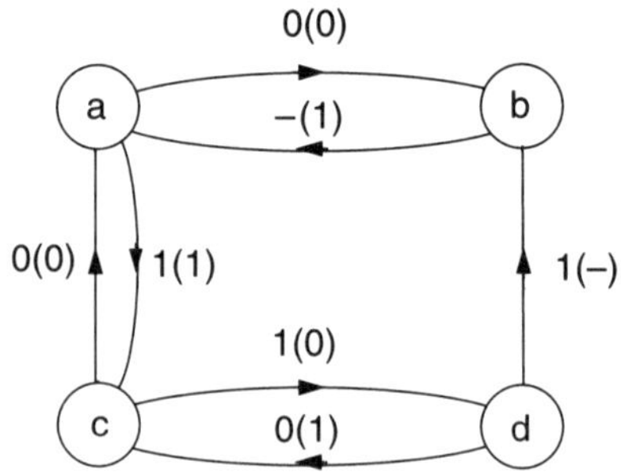

b) Vi bestämmer de maximala förenlighetsmängderna
J_1: $\Delta_{11} = \{1, 7\}$, $\Delta_{12} = \{1, 3\}$, $\Delta_{13} = \{2, 3, 4, 5, 6, 8\}$
J_2: $\Delta_{21} = \{1, 7\}$, $\Delta_{22} = \{1, 3\}$, $\Delta_{23} = \{2, 3, 6, 8\}$,
$\Delta_{24} = \{3, 4, 6\}$, $\Delta_{25} = \{2, 5, 8\}$
$J_3 = J_2$

Det går alltså att minska antalet tillstånd från 8 till högst 5. Dock är det inte säkert att samtliga förenlighetsmängder behövs för att realisera det minimala nätet. För att finna hur många mängder det minimala nätet kräver konstaterar vi först att tillstånd 7 endast förekommer i Δ_{21}, tillstånd 4 endast i Δ_{24} och tillstånd 5 endast i Δ_{25}. Dessa tre mängder är alltså nödvändiga och eftersom de tillsammans dessutom täcker samtliga 8 tillstånd kan de vara tillräckliga. Vi undersöker saken:

	x	
δ–λ	0	1
{1, 7}	{2, 5, 8}	{1, 7}
{3, 4, 6}	{3, 4, 6}	{2, 3, 6, 8}∨{2, 5, 8}
{2, 5, 8}	{1, 7}	{1, 3}

Vi ser att för {2, 5, 8} med x = 1 så ligger nästa tillstånd i mängden {1, 3} vilket innebär att också denna förenlighetsmängd måste tas med. Vi kompletterar nu tabellen med denna och erhåller:

	x	
δ–λ	0	1
{1, 7}	{2, 5, 8}	{1, 7}
{3, 4, 6}	{3, 4, 6}	{2, 3, 6, 8}∨{2, 5, 8}
{2, 5, 8}	{1, 7}	{1, 3}
{1, 3}	{2, 5, 8}	{2, 3, 6, 8}∨{2, 5, 8}

Inga nya mängder (förutom {1, 3}) tillkommer och det minimala nätet kan följaktligen realiseras med fyra tillstånd.

Betecknar vi förenlighetsmängderna enligt

{1, 7} = a, {3, 4, 6} = b, {2, 5, 8} = c, {1, 3} = d

erhålls tillståndstabell och graf enligt nedan.

	x	
δ–λ	0	1
a	c(1)	a(0)
b	b(0)	c(1)
c	a(0)	d(1)
d	c(1)	c(1)

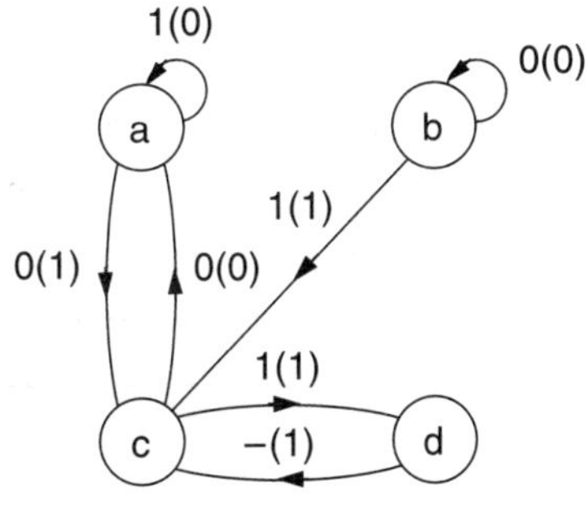

9.10 a)

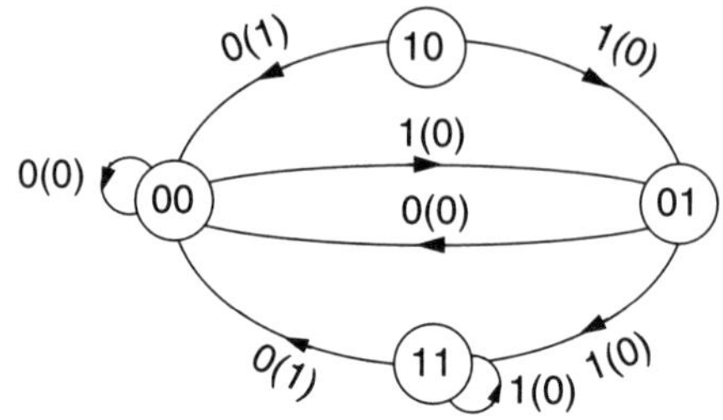

b) Vid start i Q=<00> utnyttjar Mealy-nätet inte Q=<10>. Detta tillstånd kan därför strykas och konverteringen göras på en graf med tre tillstånd. In till Q=<00> leder brancher med olika utsignaler. Detta tillstånd måste därför ersättas med två i Moore-modellen (tillstånd 1 och 4):

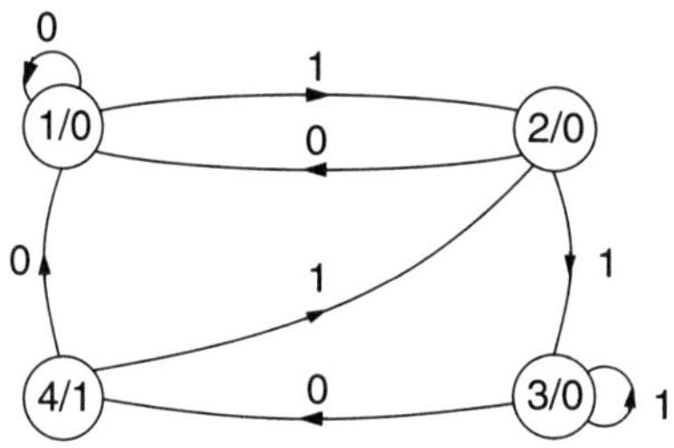

c) Med kodningen

Q	$<q_1q_2>$	
1	0	0
2	0	1
3	1	1
4	1	0

får vi:

$$q_1^+ = q_1q_2 + q_2x$$
$$q_2^+ = x$$
$$u = q_1q_2'$$

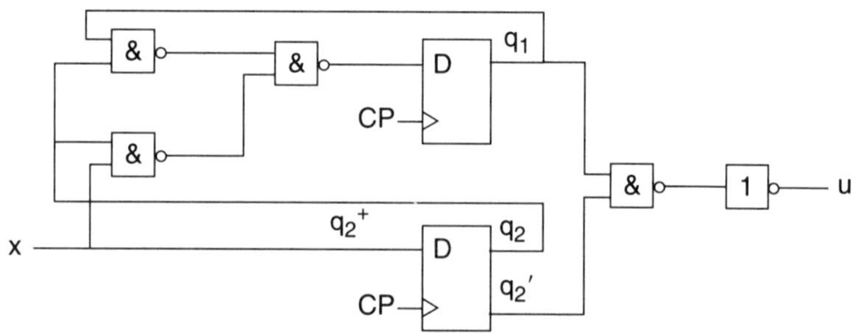

9.11 a)

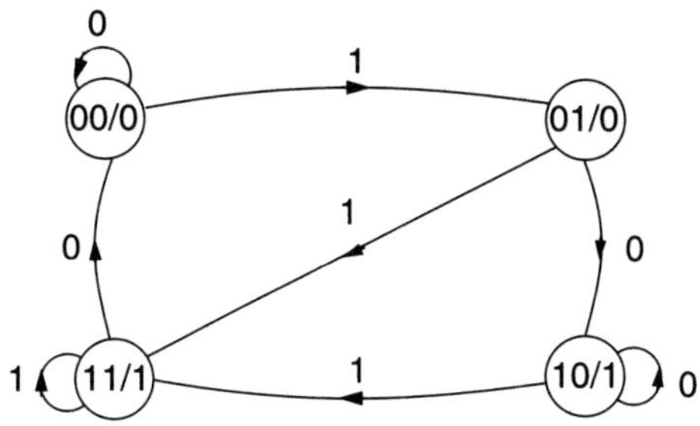

b) Konvertering ger grafen

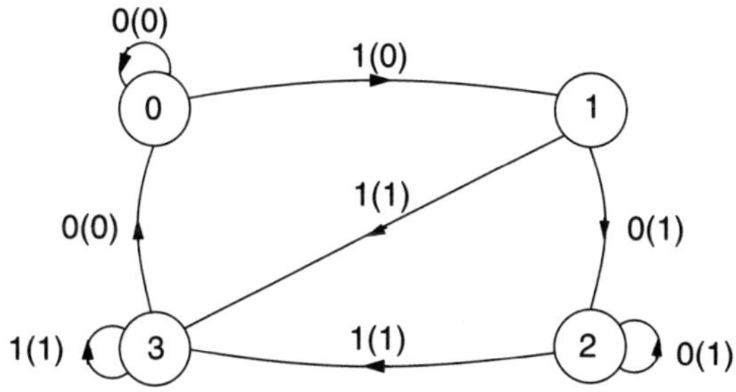

Direkt från grafen (eller genom formell minimering) framgår tydligt att tillstånd 1 och 2 är ekvivalenta, vilket ger följande minimala Mealy-graf:

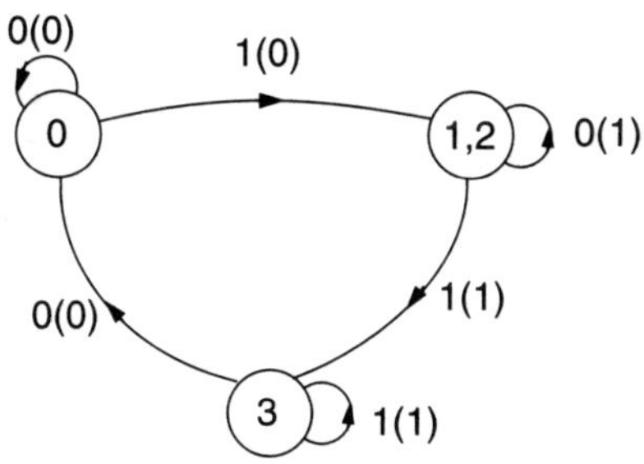

c) Med kodningen {0} = <00>, {1,2} = <01>, {3} = <11> erhålls ekvationer och realisering:

$$q_1^+ = (q_2' + x')'$$
$$q_2^+ = (q_2'x' + q_1x')' = (q_2 + x)\,\underline{(q_1' + x)}$$
$$u = (q_2' + q_1x')' = q_2\,\underline{(q_1' + x)}$$

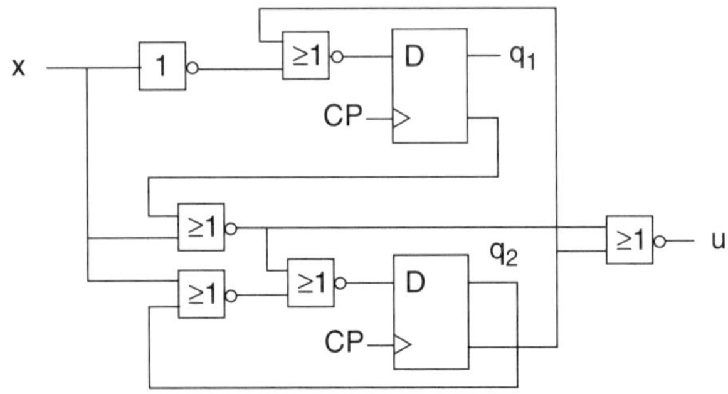

9.12 Ur tabellen till vänster konstrueras lätt tillståndsträdet nedan.

Gray-kod $g_1\ g_2\ g_3\ g_4$	Naturlig binärkod $b_1\ b_2\ b_3\ b_4$
0 0 0 0	0 0 0 0
0 0 0 1	0 0 0 1
0 0 1 1	0 0 1 0
0 0 1 0	0 0 1 1
0 1 1 0	0 1 0 0
0 1 1 1	0 1 0 1
0 1 0 1	0 1 1 0
0 1 0 0	0 1 1 1
1 1 0 0	1 0 0 0
1 1 0 1	1 0 0 1
1 1 1 1	1 0 1 0
1 1 1 0	1 0 1 1
1 0 1 0	1 1 0 0
1 0 1 1	1 1 0 1
1 0 0 1	1 1 1 0
1 0 0 0	1 1 1 1

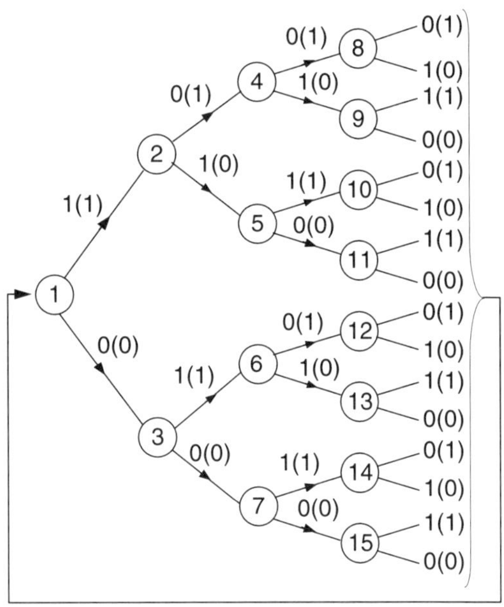

Vi ser direkt i tillståndsträdet att ekvivalenta är tillstånden 4 och 6, tillstånden 5 och 7, tillstånden 8, 10, 12 och 14 samt tillstånden 9, 11, 13 och 15. Sammanslagning av ekvivalenta tillstånd ger tillståndsgrafen

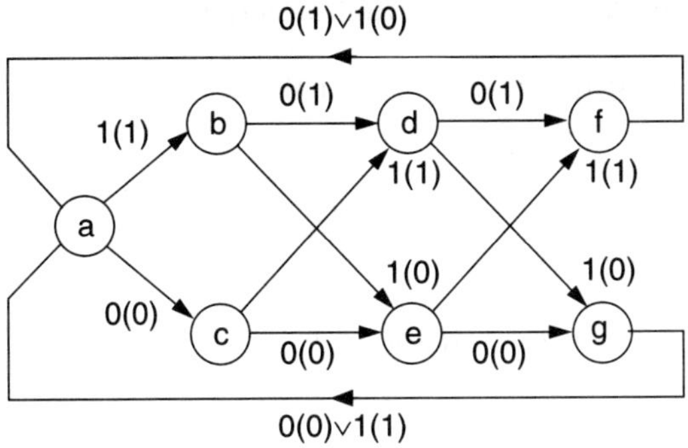

Kodning och flödestabell:

Q	$<q_1,q_2,q_3>$
a	0 0 0
b	0 0 1
c	0 1 0
d	0 1 1
e	1 1 0
f	1 1 1
g	1 0 0

	x	
δ–λ	0	1
000	010(0)	001(1)
001	011(1)	110(0)
010	110(0)	011(1)
011	111(1)	100(0)
110	100(0)	111(1)
111	000(1)	000(0)
100	000(0)	000(1)
$q_1q_2q_3$		

Ur flödestabellen erhålls Karnaughdiagrammen

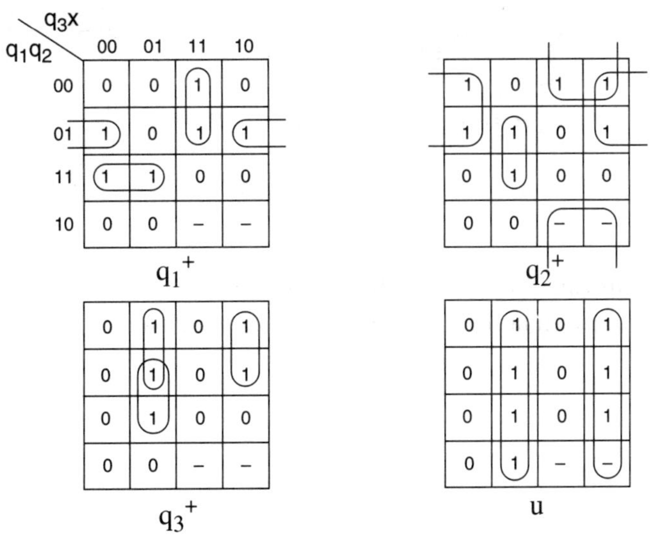

Ur Karnaughdiagrammen fås funktionerna

$$q_1^+ = q_1 q_2 q_3' + q_1' q_2 x' + q_1' q_3 x$$
$$q_2^+ = q_1' x' + q_2' q_3 + \underline{q_2 q_3' x}$$
$$q_3^+ = q_1' q_3' x + q_1' q_3 x' + \underline{q_2 q_3' x}$$
$$u = q_3' x + q_3 x'$$

som realiseras av sekvensnätet nedan

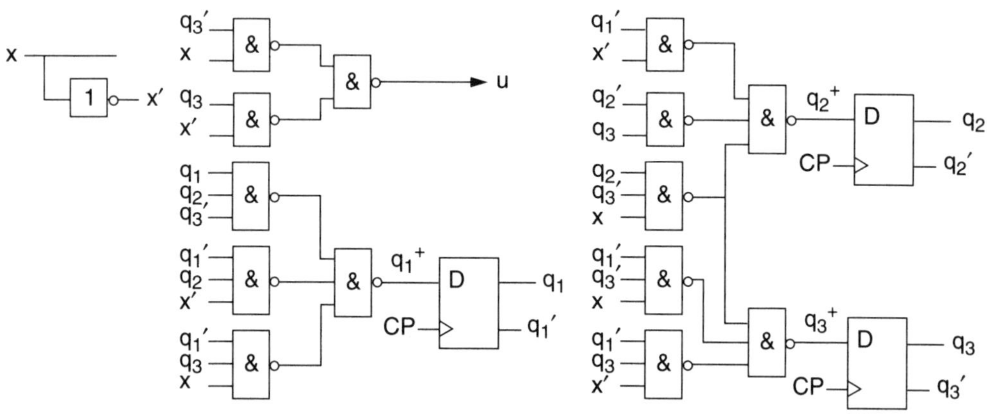

Alternativ lösning

$$b_1 = g_1$$
$$b_2 = g_1 \oplus g_2$$
$$b_3 = g_1 \oplus g_2 \oplus g_3$$
$$b_4 = g_1 \oplus g_2 \oplus g_3 \oplus g_4$$

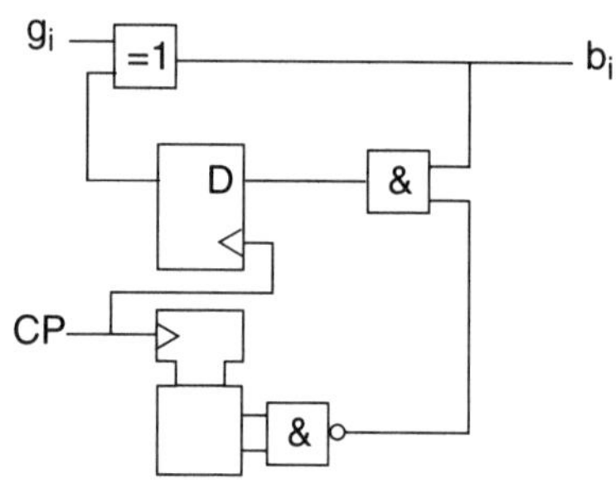

Omvandlingen kan utföras i sekvensnätet till höger. Den autonoma 4-räknaren nollställer D-vippan efter varje block.

9.13 Vi ser i tabellen för Gray- och binärkoden i exempel 9.12 att om den minst signifikanta positionen uppträder först i varje block så kan vi inte entydigt bestämma den minst signifikanta positionen i binärkoden enbart med hjälp av den minst signifikanta positionen i Graykoden. Vi behöver således tillgång till flera positioner i Graykoden, vilket innebär att utgångsinformationen inte kan produceras utan fördröjning.

I nedanstående två nät kan omvandlingen göras med fördröjning.

1.

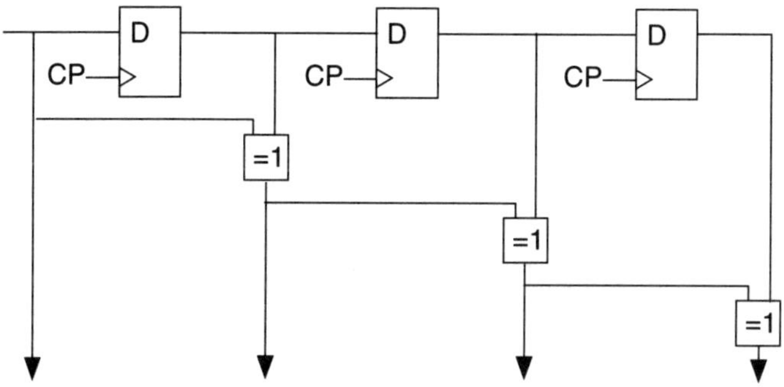

2.

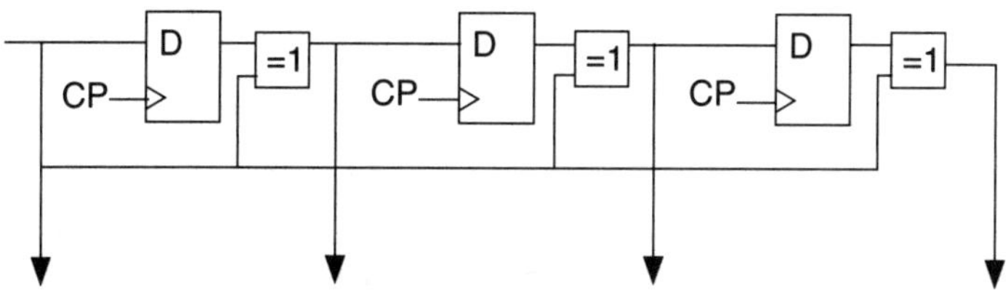

Näten fungerar så att kodordet kan avläsas på utgångarna, med mest signifikant position längst till vänster, när hela Graykodblocket matats in. Nät 1 är ett skiftregister som byggts på med ett omvandlingsnät. I nät 2 har kombinatoriken integrerats med D-vipporna. En liten kommentar beträffande snabbheten är att när sista positionen matats in erhålls kordordet något snabbare i nät 2, beroende på mindre djup i det kombinatoriska nätet.

9.14 a) Ur tabellen framgår att u = 0 omm den mest signifikanta positionen är 0 eller om de tre mest signifikanta positionerna är 100. Vi får således tillståndsgrafen nedan, där vi med hjälp av tillstånden 1, 2, 3 och 4 skiljer ut sekvenserna där den mest signifikanta positionen är 0 och med tillstånden 1, 5, 7 och 4 sekvenserna där de tre mest signifikanta positionerna är 100.

Decimalt	Binärkod	u
0	0 0 0 0	0
1	0 0 0 1	0
2	0 0 1 0	0
3	0 0 1 1	0
4	0 1 0 0	0
5	0 1 0 1	0
6	0 1 1 0	0
7	0 1 1 1	0
8	1 0 0 0	0
9	1 0 0 1	0
10	1 0 1 0	1
11	1 0 1 1	1
12	1 1 0 0	1
13	1 1 0 1	1
14	1 1 1 0	1
15	1 1 1 1	1

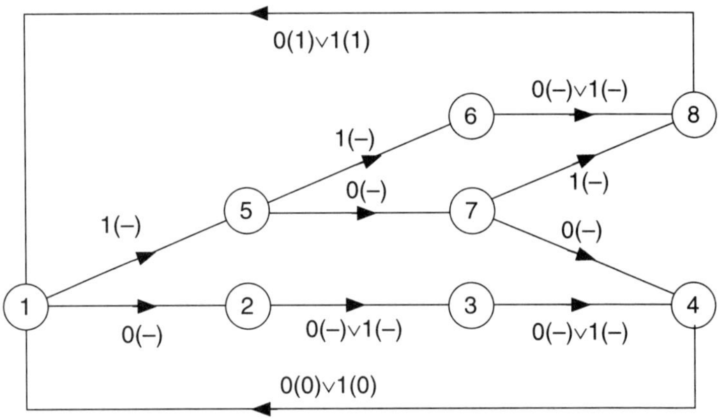

Sekvensnätet överlåts åt läsaren att konstruera själv.

Grafen kan minimeras till 7 tillstånd. Tillvägagångssättet är detsamma som i uppgift 9.9b). Emellertid blir arbetet i det här fallet mycket mer omfattande och redovisas därför inte. (Efter tre steg finner man 12 maximala förenlighetsmängder och gör bland dessa ett urval på 7). Läsaren uppmanas dock att förvissa sig om att nedanstående graf fullgör uppgiften. Observera att sluttillståndet efter ett mottaget block är beroende av den inkomna sekvensen. Varje tillstånd måste alltså kunna fungera som starttillstånd när ett nytt block uppträder.

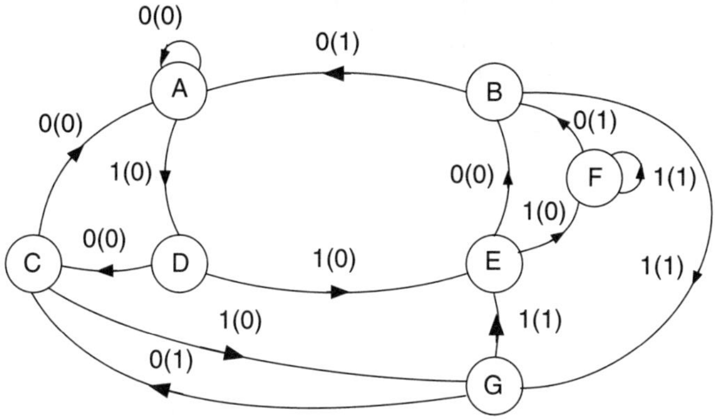

b) Vi får tillståndsgrafen nedan, där vi med hjälp av tillstånden 1, 2, 3 och 4 skiljer ut sekvenserna där de tre mest signifikanta positionerna är 100.

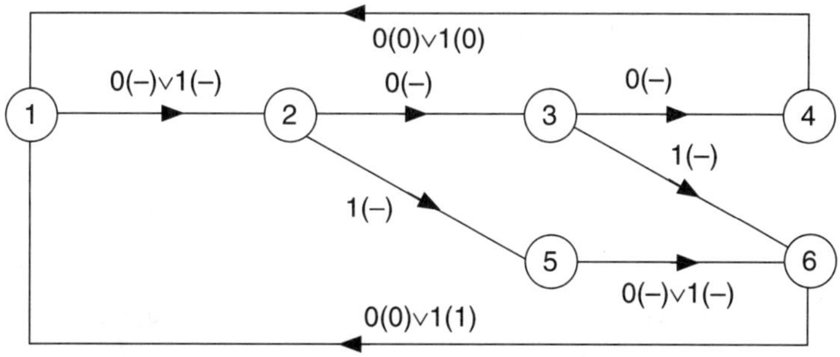

Vi undersöker nu om vi verkligen funnit den minimala tillståndsgrafen.

Ur tillståndstabellen

	x	
δ–λ	0	1
1	2(–)	2(–)
2	3(–)	5(–)
3	4(–)	6(–)
4	1(0)	1(0)
5	6(–)	6(–)
6	1(0)	1(1)

finner vi de maximala förenlighetsmängderna

J_1: $\Delta_{11} = \{1, 2, 3, 4, 5\}$, $\Delta_{12} = \{1, 2, 3, 5, 6\}$
J_2: $\Delta_{21} = \{1, 2, 4, 5\}$, $\Delta_{22} = \{1, 2, 3, 4\}$, $\Delta_{23} = \{1, 2, 3, 6\}$,
$\Delta_{24} = \{1, 2, 5, 6\}$
$J_3 = J_2$

Antalet tillstånd blir alltså maximalt fyra. Vi fortsätter undersökningen för att se om någon förenlighetsmängd kan uteslutas.

	x	
δ–λ	0	1
{1, 2, 4, 5}	{1, 2, 3, 6}	{1, 2, 5, 6}
{1, 2, 3, 4}	{1, 2, 3, 4}	{1, 2, 5, 6}
{1, 2, 3, 6}	{1, 2, 3, 4}	{1, 2, 5, 6}
{1, 2, 5, 6}	{1, 2, 3, 6}	{1, 2, 5, 6}

Vi ser {1, 2, 4, 5} inte förekommer som nästa inre tillstånd och att övriga mängder tillsammans innefattar alla ursprungliga tillstånd. {1, 2, 4, 5} kan därför strykas.

Vi sätter nu a = {1, 2, 3, 4} b = {1, 2, 3, 6} c = {1, 2, 5, 6} och erhåller följande minimala tabell och graf.

	x	
δ–λ	0	1
a	a(0)	c(0)
b	a(0)	c(1)
c	b(0)	c(1)

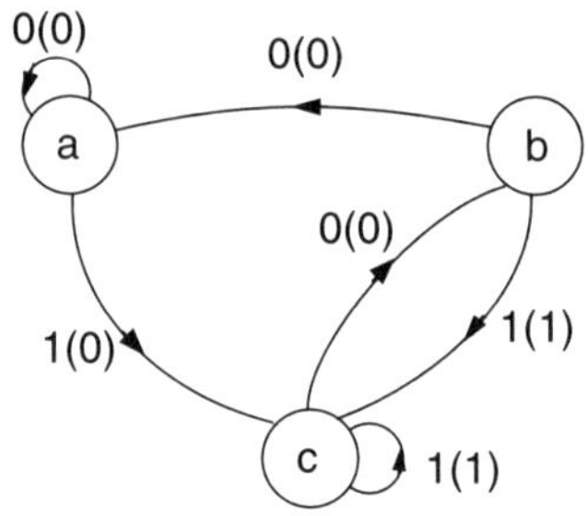

Observera att också här är sluttillståndet för ett block beroende av insekvensen och att varje tillstånd kan vara starttillstånd för ett nytt block.

Sekvensnätet överlåts åt läsaren att konstruera själv.

9.15 Grafen för motsvarande sekvensnät blir:

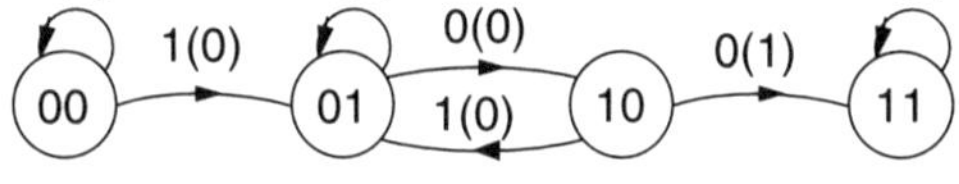

Med angiven kodning erhålls de Booleska ekvationerna:

$$q_1^+ = q_1q_2 + q_1x' + q_2x'$$
$$q_2^+ = q_1 + x$$
$$u = q_1(q_2 + x')$$

I det iterativa fallet får ingen av cellerna detta utseende. Eftersom bara en utsignal ska finnas måste denna genereras i den sista cellen. I början av iterationskedjan kan cellerna förenklas m.a.p. starttillståndets kodning. Nätets celler blir därför enligt nedan.

Cell 1: $(q_1 = q_2 = 0)$

$$q_1^+ = 0$$
$$q_2^+ = x$$

Cell 2: $(q_1 = 0)$

$$q_1^+ = q_2x'$$
$$q_2^+ = x$$

Cell 3: $(q_1q_2 \neq 11)$

$$q_1^+ = (q_1 + q_2)x'$$
$$q_2^+ = q_1 + x$$

Cell 4 t.o.m (n–1):

$$q_1^+ = q_1q_2 + q_1x' + q_2x'$$
$$q_2^+ = q_1 + x$$

Cell n:

$$u = q_1(q_2 + x')$$

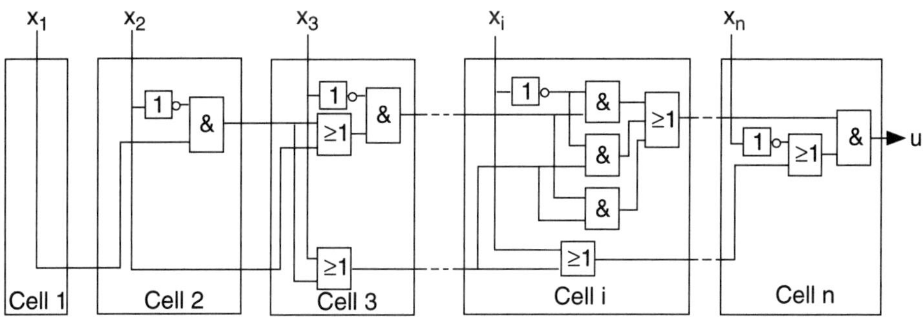

9.16 Cellernas utseende fås direkt ur lösningen till ex 9.5.

Följande förenklingar kan göras. Utsignalen behöver endast genereras av cell n, varför de grindar som genererar u bortfaller i de n–1 första cellerna. Vidare kan följande celler reduceras

Cell 1: ($q_1 = q_2 = q_3 = 0$)
$q_1^+ = q_2^+ = 0$
$q_3^+ = x$

Cell 2: ($q_1 = q_2 = 0$)
$q_1^+ = 0$
$q_2^+ = q_3x$
$q_3^+ = q_3x' + q_3'x$

Cell 3: ($q_1 = 0$; $q_2q_3 \neq 11$)
$q_1^+ = 0$
$q_2^+ = q_2 + q_3x$
$q_3^+ = q_3x' + q_3'x$

Cell 4: ($q_1 = 0$)
$q_1^+ = q_2q_3x$
$q_2^+ = q_2 + q_3x$
$q_3^+ = q_3x' + q_3'x$

Cell n:
q_1^+, q_2^+ och q_3^+ behöver ej genereras, varför de grindar som genererar dessa funktioner bortfaller.

9.17 Lösningen får följande struktur, där cellernas utseende framgår av lösningen till ex 9.6.

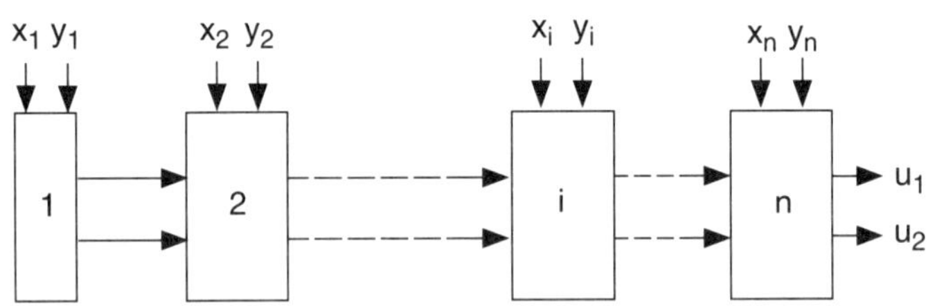

Utsignalerna behöver endast genereras av cell n, vilket dock inte medför någon minskning av komplexiteten för de n–1 första cellerna beroende på att u_1 och u_2 realiseras som $u_1 = q_1^+$ och $u_2 = q_2^+$. Första cellen kan emellertid reduceras.

Cell 1: $(q_1 = q_2 = 0)$

$$q_1^+ = xy'$$
$$q_2^+ = x'y.$$

(I cell n behöver visserligen inte q_1^+ och q_2^+ genereras, men eftersom u_1 och u_2 realiserats som $u_1 = q_1^+$ och $u_2 = q_2^+$ kan ingen förenkling av denna cell göras).

9.18 Analys av en cell K_i ger:

Insignaler			Utsignaler		
a	b	c	d	e	f
0	0	0	0	1	1
0	0	1	0	0	0
0	1	0	0	0	1
0	1	1	0	1	0
1	0	0	1	0	1
1	0	1	1	1	0
1	1	0	1	1	1
1	1	1	0	0	0

Cellerna saknar insignaler varför det sekvensnät som svarar mot det iterativa kombinatoriska nätet blir autonomt med följande graf:

$$\begin{array}{ccccccccccc} 100 & \rightarrow & 101 & \rightarrow & 110 & \rightarrow & 111 & \rightarrow & 000 & \rightarrow & 011 \\ & & & & & & & & \uparrow & & \downarrow \\ & & & & & & & & 001 & \leftarrow & 010 \end{array}$$

För att få sambandet mellan $\langle x_1, x_2, x_3 \rangle$ och $\langle y_1, y_2, y_3 \rangle$ går man nu 82 steg framåt i grafen från varje tillstånd och ställer upp tabellen:

x_1	x_2	x_3	y_1	y_2	y_3
0	0	0	0	1	0
0	0	1	0	1	1
0	1	0	0	0	0
0	1	1	0	0	1
1	0	0	0	1	0
1	0	1	0	0	1
1	1	0	0	0	0
1	1	1	0	1	1

Nätets utsignaler ges av.

$y_1 = 0$

$y_2 = x_1'x_2' + x_2'x_3' + x_1x_2x_3$

$y_3 = x_3$

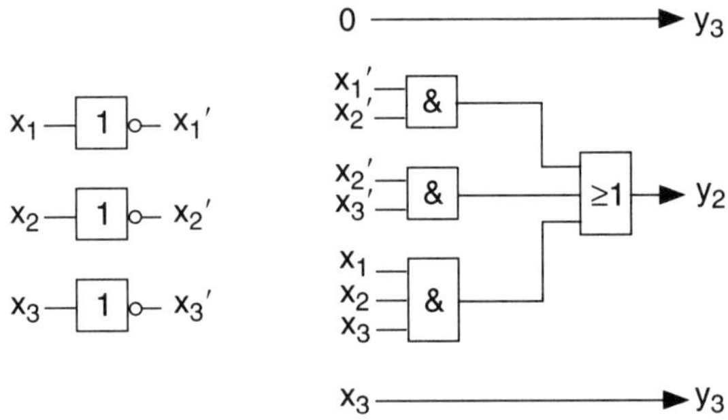

9.19 Låt s bestämma starttillståndet för motsvarande sekvensnät. För s = 1 kan vi stå kvar i starttillståndet med U = X. För s = 0 måste vi särskilja fallen X > Y, X = Y och X < Y.

Vi får graf och flödestabell enligt:

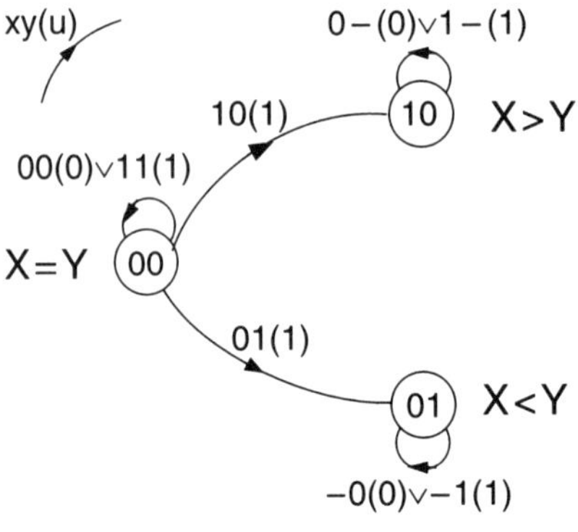

q_1	q_2	x	y	q_1^+	q_2^+	u
0	0	0	0	0	0	0
0	0	0	1	0	1	1
0	0	1	0	1	0	1
0	0	1	1	0	0	1
0	1	0	0	0	1	0
0	1	0	1	0	1	1
0	1	1	0	0	1	0
0	1	1	1	0	1	1
1	0	0	0	1	0	0
1	0	0	1	1	0	0
1	0	1	0	1	0	1
1	0	1	1	1	0	1
1	1	0	0	–	–	–
1	1	0	1	–	–	–
1	1	1	0	–	–	–
1	1	1	1	–	–	–

Den allmänna cellen blir
$$\begin{cases} q_1^+ = q_1 + q_2'xy' \\ q_2^+ = q_2 + q_1'x'y \\ u = q_1'y + q_2'x \end{cases}$$

Starttillståndet bestäms av s

$$\left.\begin{array}{l} s = 0 \rightarrow Q_{start} = 00 \\ s = 1 \rightarrow Q_{start} = 10 \end{array}\right\} \quad \text{d.v.s. } Q_{start} = (s, 0)$$

Följande celler kan förenklas

Cell 1: $q_1 = s,\ q_2 = 0$
$$q_1^+ = s + xy'$$
$$q_2^+ = s'x'y$$
$$u = s'y + x$$

Cell N: $u = q_1'y + q_2'x$

Cell 2 t.o.m. cell (N–1) är identiska och ges av ekvationerna för den allmänna cellen. Cell 1 och cell N är unika och ges av ekvationerna för respektive cell ovan.

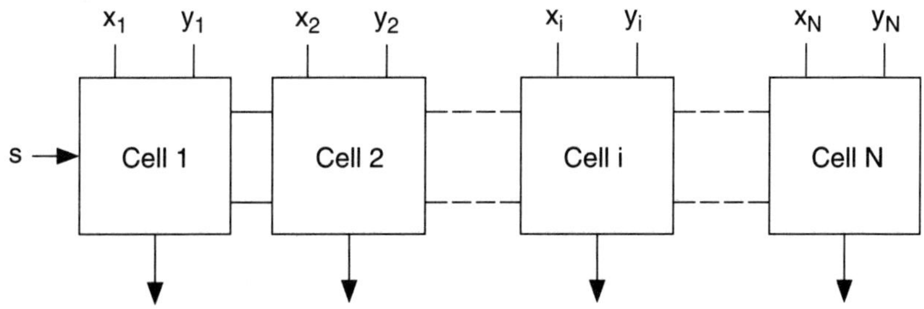

10 Synkroniseringsproblemet. Klockade vippor

10.1 Analys ger följande tabell

q_1 q_2 q_3	S_1 R_1	J_2 K_2	T_3	$q_1^+ q_2^+ q_3^+$
0 0 0	0 0	1 0	0	0 1 0
0 0 1	1 0	1 0	0	1 1 1
0 1 0	0 0	0 0	1	0 1 1
0 1 1	1 0	0 0	1	1 1 0
1 0 0	0 0	1 1	0	1 1 0
1 0 1	1 0	1 1	0	1 1 1
1 1 0	0 0	0 1	1	1 0 1
1 1 1	1 0	0 1	1	1 0 0

Följande graf erhålls för $<q_1, q_2, q_3>$

$$\begin{array}{ccccccccc} 0 & \rightarrow & 2 & \rightarrow & 3 & \rightarrow & 6 & \rightarrow & 5 \\ & & & & & & \uparrow & & \downarrow \\ & & & & & & 4 & \leftarrow 7 \leftarrow & 1 \end{array}$$

Inom 3 klockintervall från det spänningstillförseln slagits till och klockan startats genereras alltså … 110, 101, 111, 100, 110 …

10.2 Beteckna adressingångarna till det större minnet $<a, b>$. Analys ger då:

q_1 q_2 x	a b	S R	J K	$q_1^+ q_2^+$
0 0 0	0 0	0 0	1 0	0 1
0 0 1	1 0	1 0	1 1	1 1
0 1 0	1 0	1 0	1 1	1 0
0 1 1	1 0	1 0	1 1	1 0
1 0 0	0 1	0 0	1 0	1 1
1 0 1	1 1	0 1	1 1	0 1
1 1 0	1 1	0 1	1 1	0 0
1 1 1	1 1	0 1	1 1	0 0

Syntes a)–d)

q_1 q_2 x	$q_1^+q_2^+$	D_1 D_2	T_1 T_2	S_1 R_1 S_2 R_2	J_1 K_1 J_2 K_2
0 0 0	0 1	0 1	0 1	0 – 1 0	0 – 1 –
0 0 1	1 1	1 1	1 1	1 0 1 0	1 – 1 –
0 1 0	1 0	1 0	1 1	1 0 0 1	1 – – 1
0 1 1	1 0	1 0	1 1	1 0 0 1	1 – – 1
1 0 0	1 1	1 1	0 1	– 0 1 0	– 0 1 –
1 0 1	0 1	0 1	1 1	0 1 1 0	– 1 1 –
1 1 0	0 0	0 0	1 1	0 1 0 1	– 1 – 1
1 1 1	0 0	0 0	1 1	0 1 0 1	– 1 – 1

Tabellen ger $T_2 = J_2 = K_2 = 1$. Övriga ekvationer tas fram ur Karnaugh-diagrammen.

q_1q_2 \ x	D_1: 0	D_1: 1	D_2: 0	D_2: 1	T_1: 0	T_1: 1
00	0	1	1	1	0	1
01	1	1	0	0	1	1
11	0	0	0	0	1	1
10	1	0	1	1	0	1

D_1 D_2 T_1

q_1q_2 \ x	S_1: 0	S_1: 1	R_1: 0	R_1: 1	S_2: 0	S_2: 1	R_2: 0	R_2: 1
00	0	1	–	0	1	1	0	0
01	1	1	0	0	0	0	1	1
11	0	0	1	1	0	0	1	1
10	–	0	0	1	1	1	0	0

S_1 R_1 S_2 R_2

q_1q_2 \ x	J_1: 0	J_1: 1	K_1: 0	K_1: 1
00	0	1	–	–
01	1	1	–	–
11	–	–	1	1
10	–	–	0	1

J_1 K_1

$D_1 = q_1'x + q_1'q_2 + q_1q_2'x' \quad D_2 = q_2'$

$T_1 = q_2 + x \qquad T_2 = 1$

$S_1 = (q_1 + q_2'x')' = q_1'(q_2 + x) \quad R_1 = (q_1' + q_2'x')' = q_1(q_2 + x)$

$S_2 = q_2' \quad R_2 = q_2$

$J_1 = x + q_2 \quad K_1 = J_1 \quad J_2 = K_2 = 1$

Realiseringar a)–d)

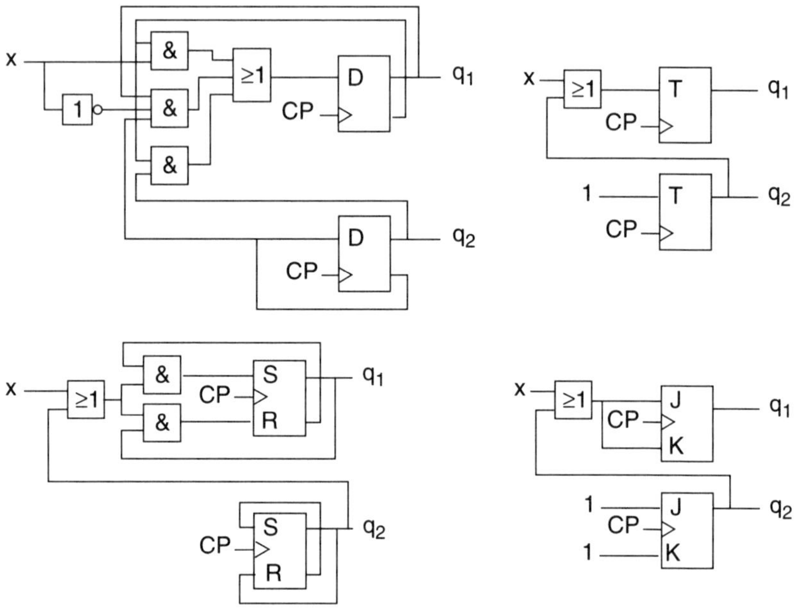

10.3 För EF-vippan gäller att $J = E'$ och $K = (E \oplus F)'$, d.v.s.

E F	J K
0 0	1 1
0 1	1 0
1 0	0 0
1 1	0 1

vilket ger vidstående funktionstabell:

q \ EF	00	01	11	10
0	1	1	0	0
1	0	1	0	1

q^+

Flödestabell:

q_1 q_2 x	$q_1^+q_2^+$	E_1 F_1	E_2 F_2
0 0 0	0 1	1 –	0 –
0 0 1	1 1	0 –	0 –
0 1 0	1 0	0 –	0 0∨1 1
0 1 1	1 0	0 –	0 0∨1 1
1 0 0	1 1	0 1∨1 0	0 –
1 0 1	0 1	0 0∨1 1	0 –
1 1 0	0 0	0 0∨1 1	0 0∨1 1
1 1 1	0 0	0 0∨1 1	0 0∨1 1

Ur tabellen väljer vi $E_2 = F_2 = 0$.

Karnaughdiagrammen för E_1 och F_1 blir

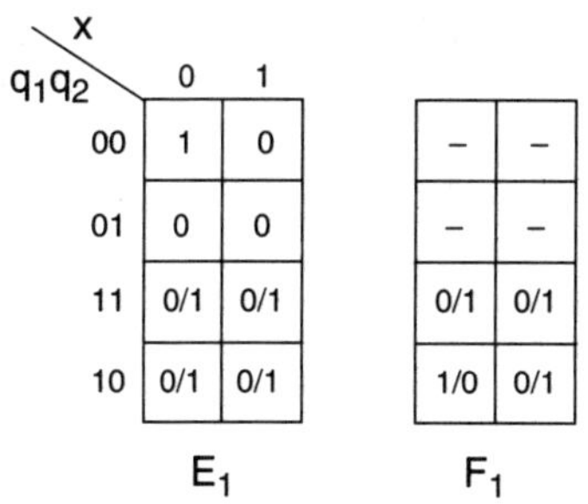

Eftersom $E_1(100)$ bör väljas till 1 ger detta $F_1(100) = 0$. I resterande rutor bör därför 0 väljas, vilket ger

$$E_1 = q_2'x' = (q_2 + x)' \quad F_1 = 0$$

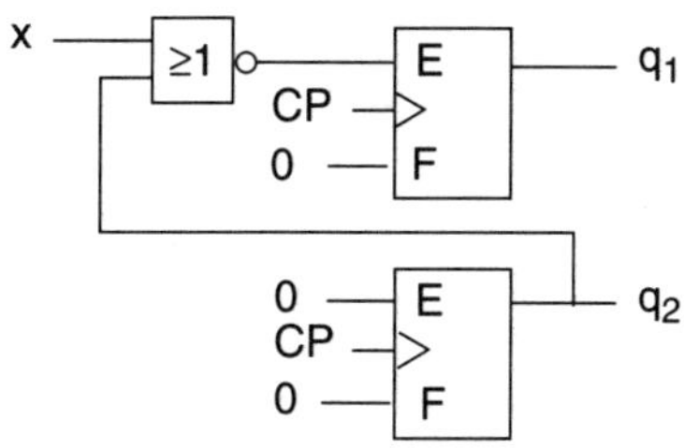

10.4 Ur Karnaughdiagrammen för $q_1^+ = u_1$ och $q_2^+ = u_2$ (se lösningen till 9.6) erhålls följande Karnaughdiagram för J- och K-funktionerna samt u_1 och u_2.

J_1

q_1q_2 \ xy	00	01	11	10
00	0	0	0	1
01	0	0	0	0
11	–	–	–	–
10	–	–	–	–

J_2

q_1q_2 \ xy	00	01	11	10
00	0	1	0	0
01	–	–	–	–
11	–	–	–	–
10	0	0	0	0

u_1

q_1q_2 \ xy	00	01	11	10
00	0	0	0	1
01	0	0	0	0
11	–	–	–	–
10	1	1	1	1

u_2

q_1q_2 \ xy	00	01	11	10
00	0	1	0	0
01	1	1	1	1
11	–	–	–	–
10	0	0	0	0

K_1

q_1q_2 \ xy	00	01	11	10
00	–	–	–	–
01	–	–	–	–
11	–	–	–	–
10	0	0	0	0

K_2

q_1q_2 \ xy	00	01	11	10
00	–	–	–	–
01	0	0	0	0
11	–	–	–	–
10	–	–	–	–

Ur Karnaughdiagrammen erhålls

$J_1 = q_2'xy'$ $\quad$ $J_2 = q_1'x'y$ $\quad$ $u_1 = q_1 + q_2'xy'$

$K_1 = 0$ $\quad$ $K_2 = 0$ $\quad$ $u_2 = q_2 + q_1'x'y$

Nätet blir

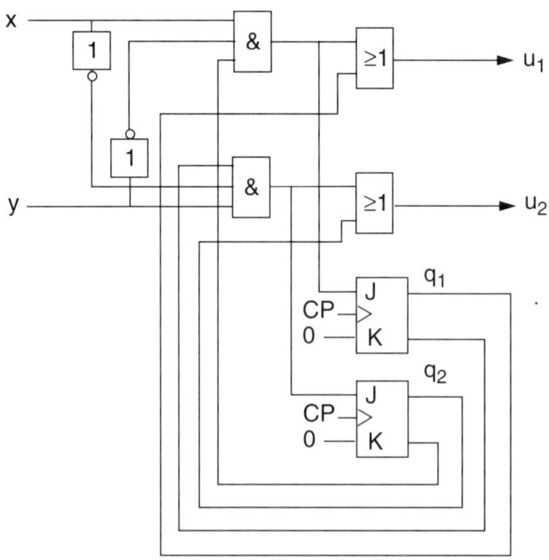

Eftersom vi i fallet D-vippor i ex 9.6 har valt en kodning som ger $u_1 = q_1^+$ och $u_2 = q_2^+$ blir som synes vinsten med införandet av JK-vipporna i detta fall minimal.

10.5 Vi ställer direkt upp funktionstabellen:

s_1 s_2 q_1 q_2	$q_1^+q_2^+$	T_1 T_2	
0 0 0 0	0 0	0 0	Nollställning ($Q^+ = 0$)
0 0 0 1	0 0	0 1	
0 0 1 0	0 0	1 0	
0 0 1 1	0 0	1 1	
0 1 0 0	0 0	0 0	Stilla ($Q^+ = Q$)
0 1 0 1	0 1	0 0	
0 1 1 0	1 0	0 0	
0 1 1 1	1 1	0 0	
1 0 0 0	0 1	0 1	Uppåträkning ($Q^+ = Q + 1$)
1 0 0 1	1 0	1 1	
1 0 1 0	1 1	0 1	
1 0 1 1	0 0	1 1	
1 1 0 0	1 1	1 1	Nedåträkning ($Q^+ = Q - 1$)
1 1 0 1	0 0	0 1	
1 1 1 0	0 1	1 1	
1 1 1 1	1 0	0 1	

Via Karnaughdiagram erhålls:

$$T_1 = (s_1'q_1' + s_1's_2 + s_2q_2 + s_1s_2'q_2')'$$
$$T_2 = (s_1's_2 + s_1'q_2')'$$

Nätet blir:

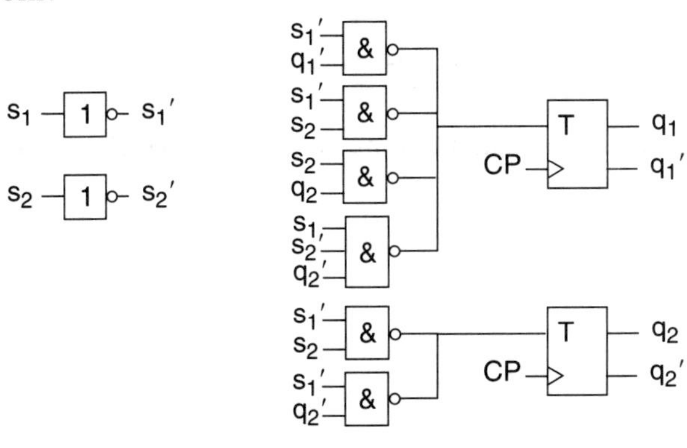

10.6 Ett sekvensnät med D-vippa som utför serieaddition samt δ-λ-tabellen till detta visas nedan

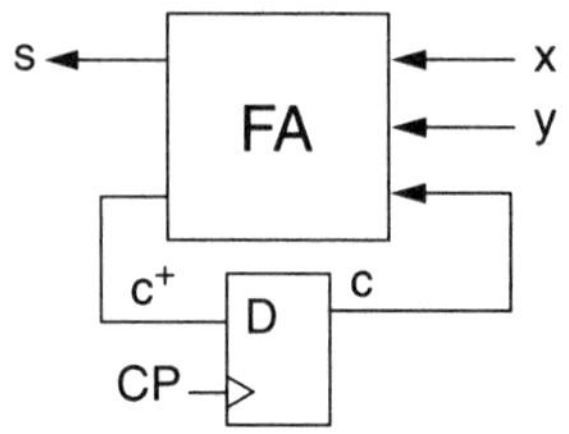

	xy			
δ-λ	00	01	11	10
0	0(0)	0(1)	1(0)	0(1)
1	0(1)	1(0)	1(1)	1(0)
	c⁺(s)			

Ur δ-λ-tabellen erhålls följande Karnaughdiagram för S- och R-funktionerna samt s.

S:

c \ xy	00	01	11	10
0	0	0	1	0
1	0	–	–	–

R:

c \ xy	00	01	11	10
0	–	–	0	–
1	1	0	0	0

s:

c \ xy	00	01	11	10
0	0	1	0	1
1	1	0	1	0

Ur Karnaughdiagrammen erhålls

$$S = xy \qquad R = x'y'$$

$$s = cx'y' + cxy + c'x'y + c'xy' = c(x'y' + xy) + c'(x'y + xy') = c(x'y' + xy) + c'(x'y' + xy)'$$

Nätet blir

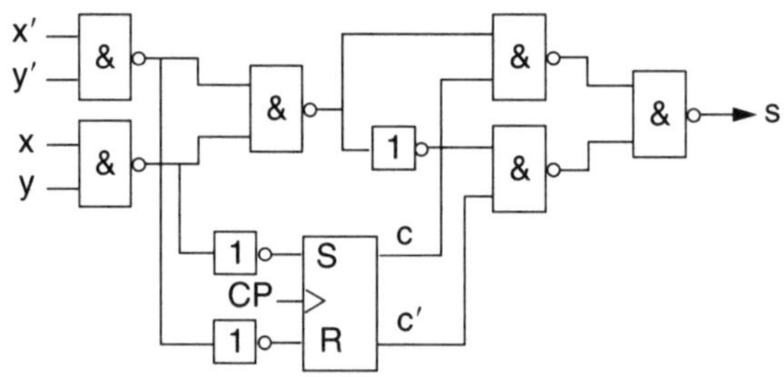

Observera att i detta nät finns inte nästa carry c^+ tillgänglig.

10.7 a) Flödestabellen för en additionsbit blir

q_i	y_i	c_i	c_{i-1}	q_i^+
0	0	0	0	0
0	0	1	0	1
0	1	0	0	1
0	1	1	1	0
1	0	0	0	1
1	0	1	1	0
1	1	0	1	0
1	1	1	1	1

vilken i vanlig ordning ger

$q_i^+ = q_i \oplus y_i \oplus c_i$

$c_{i-1} = q_i y_i + c_i(q_i \oplus y_i)$

och nätet

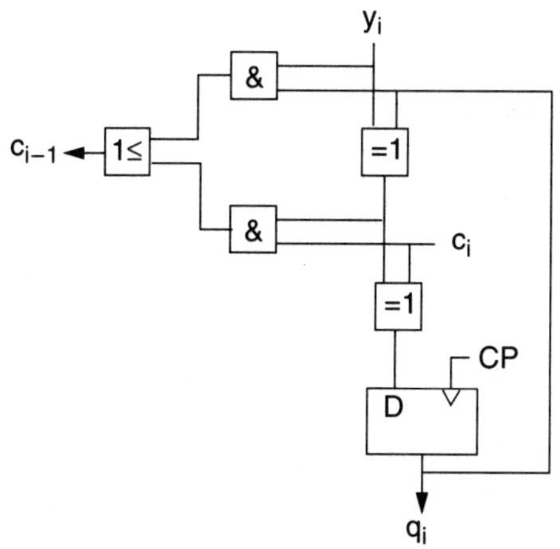

Alternativt hade vi utgående från den vanliga adderarkonstruktionen fått samma lösning

b) Utgående från tabellen i a) tar vi fram T-funktionen

q_i	y_i	c_i	c_{i-1}	q_i^+	T
0	0	0	0	0	0
0	0	1	0	1	1
0	1	0	0	1	1
0	1	1	1	0	0
1	0	0	0	1	0
1	0	1	1	0	1
1	1	0	1	0	1
1	1	1	1	1	0

varur lätt inses att $T_i = y_i \oplus c_i$

Nätet i a) kan således förenklas till

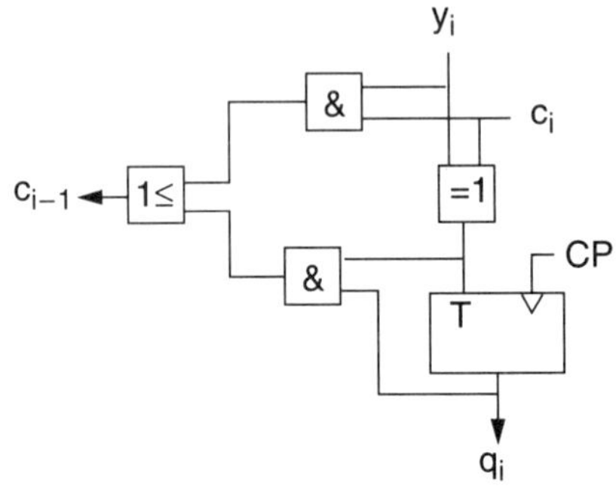

10.8 Analys av nätet ger

$q_1^+ = q_3$
$q_2^+ = q_3 + x$
$q_{3+} = (q_1 + q_2')x$
$u = q_2x$

Start i tillstånd <000> ger följande tabell och graf

δ–λ	x = 0	x = 1
A=000	000(0)	011(0)
B=011	110(0)	110(1)
C=110	000(0)	011(1)

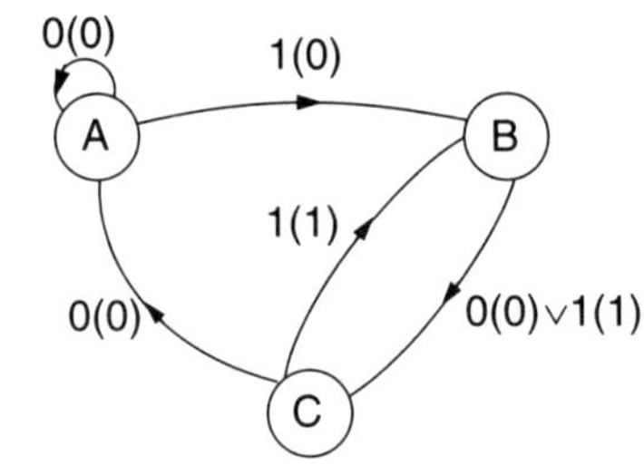

Vid start i tillstånd <000> utnyttjas endast tre tillstånd och nätet är alltså feldimensionerat.

Med kodningen A = <00>, B = <01> och C = <10> erhålls

$J_1 = q_2 \qquad J_2 = x$
$K_1 = 1 \qquad K_2 = 1$
$u = (q_1 + q_2)x$

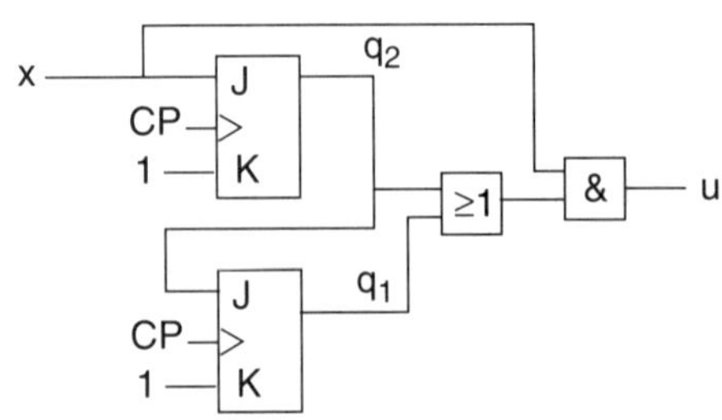

10.9 Grafen blir som nedan. Ett tåg som är längre än avståndet mellan givarna ger insignalsekvensen 00 – 01 – 11 – 10 – 00 (eller 00 – 10 – 11 – 01 – 00), ett tåg som är kortare än detta avstånd sekvensen 00 – 01 – 00 – 10 – 00 (eller 00 – 10 – 00 – 01 – 00) och ett tåg som är exakt lika med detta avstånd sekvensen 00 – 01 – 10 – 00 (eller 00 – 10 – 01 – 00).

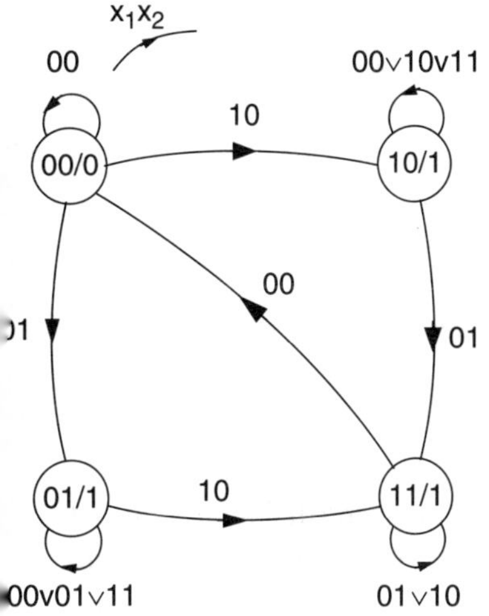

q_1 q_2 x_1 x_2	$q_1^+ q_2^+$	u	J_1 K_1	J_2 K_2
0 0 0 0	0 0	0	0 –	0 –
0 0 0 1	0 1	0	0 –	1 –
0 0 1 0	1 0	0	1 –	0 –
0 0 1 1	– –	–	– –	– –
0 1 0 0	0 1	1	0 –	– 0
0 1 0 1	0 1	1	0 –	– 0
0 1 1 0	1 1	1	1 –	– 0
0 1 1 1	0 1	1	0 –	– 0
1 0 0 0	1 0	1	– 0	0 –
1 0 0 1	1 1	1	– 0	1 –
1 0 1 0	1 0	1	– 0	0 –
1 0 1 1	1 0	1	– 0	0 –
1 1 0 0	0 0	1	– 1	– 1
1 1 0 1	1 1	1	– 0	– 0
1 1 1 0	1 1	1	– 0	– 0
1 1 1 1	– –	–	– –	– –

$J_1 = (x_1' + x_2)'$ $\quad$ $J_2 = (x_1 + x_2')'$

$K_1 = (q_2' + x_1 + x_2)'$ $\quad$ $K_2 = (q_1' + x_1 + x_2)'$

$u = (q_1'q_2')'$

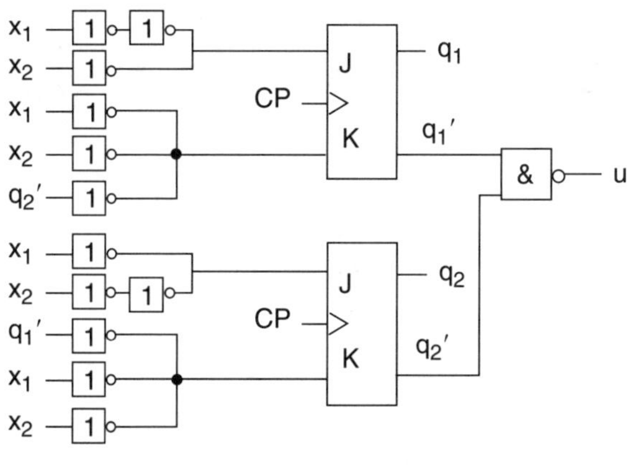

10.10 a) Möjliga studsrensare/synkroniserare:

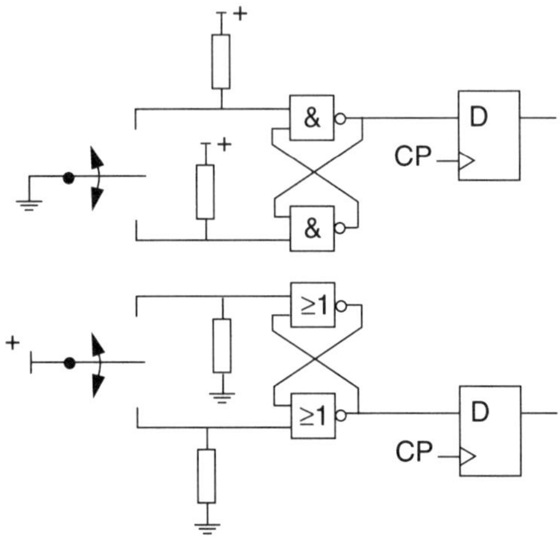

b) Låt $x_1 = 0/1$ motsvara att tändningen är från/tillslagen och låt $x_2 = 0/1$ motsvara att höger körriktningsvisare är från/tillslagen. Följden x_1x_2 = 00, 10, 11, 01, 00, 10 ska då ge u = 1. Tändningen ska sedan vara påslagen även om körriktningsvisaren används (10–11–10). Läsaren tycker nu måhända att tillstånd 7 är onödigt och att man skulle kunna nöja sig med en pil märkt 00 / 01 från 5 direkt tillbaka till utgångsläget 0. Denna lösning är inte helt tillfyllest, eftersom man via tillståndet 0 (efter två klockintervall) från 5 (körning) hamnar i dödläget 6 om man råkar slå av tändningen då körriktningsvisaren är tillslagen, t.ex. vid trottoarparkering. Det extra tillståndet 7 löser detta problem.

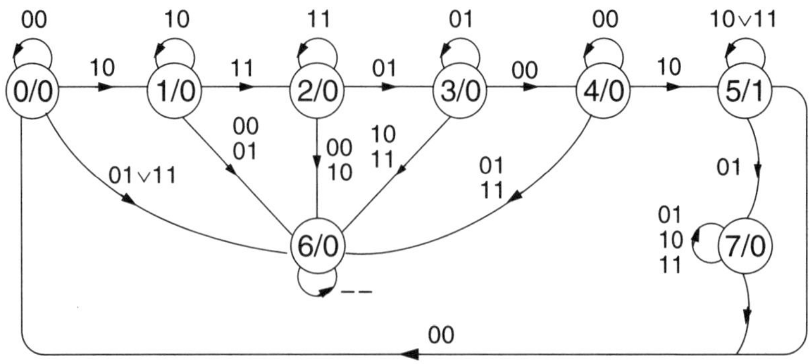

Om tillstånden Q = 0–7 binärkodas ger grafen följande tabell.

$q_1\ q_2\ q_3$	x_1x_2 00	01	10	11	u
0 0 0	000	110	001	110	0
0 0 1	110	110	001	010	0
0 1 0	110	011	110	010	0
0 1 1	100	011	110	110	0
1 0 0	100	110	101	110	0
1 0 1	000	111	101	101	1
1 1 0	110	110	110	110	0
1 1 1	000	111	111	111	0

Minimering med Karnaughdiagram ger en lösning med 3 D-vippor, 17 AND- och 3 OR-grindar, men eftersom kombinatoriken kan väljas fritt väljer vi en lösning med permanentminne enligt figuren nedan

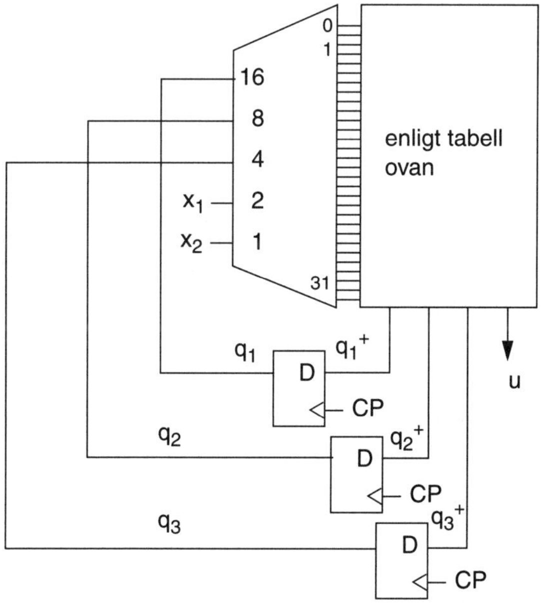

10.11 Varje puls måste bli fördröjd ett klockpulsintervall eftersom nätet måste ”vänta och se” om pulsen har godkänd längd. Graf och flödestabell blir:

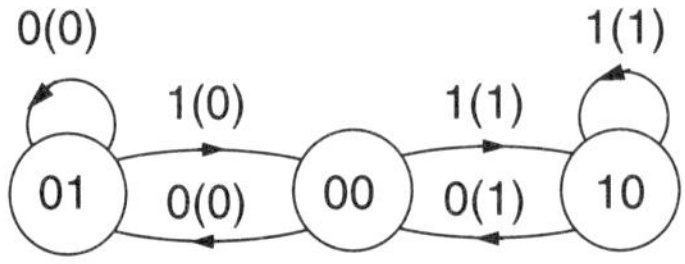

q_1 q_2 x	$q_1^+ q_2^+$	u	T_1 T_2
0 0 0	0 1	0	0 1
0 0 1	1 0	1	1 0
0 1 0	0 1	0	0 0
0 1 1	0 0	0	0 1
1 0 0	0 0	1	1 0
1 0 1	1 0	1	0 0
1 1 0	– –	–	– –
1 1 1	– –	–	– –

Med Karnaughdiagram erhålls ekvationerna

$$T_1 = q_2'(q_1 + x)(q_1' + x')$$
$$T_2 = q_1'(q_2 + x')(q_2' + x)$$
$$u = q_2'(q_1 + x)$$

och nätet.

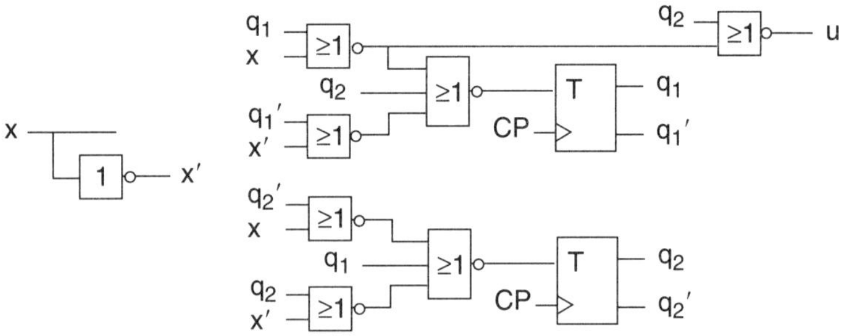

10.12 Endast tre utsignaler behöver genereras eftersom lysdioderna i tärningens diagonaler alltid tänds parvis.

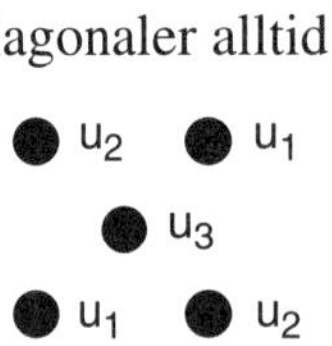

Tärningskoderna 1–5 förekommer vardera två gånger. Sekvensen är alltså 10 klockintervall lång och nätet kräver fyra vippor. En lämplig kodning är $u_1 = q_2$, $u_2 = q_3$, $u_3 = q_4$ och att låta $q_1 = 0$ första gången siffran uppträder och $q_1 = 1$ andra gången. Detta ger grafen:

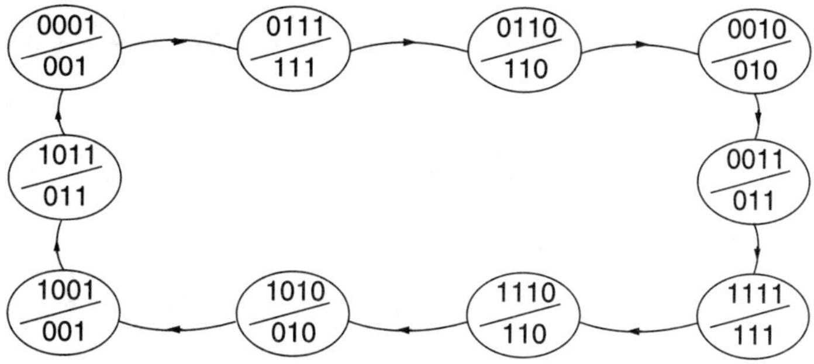

Lösning med 4 st D-vippor och ett ROM på 2^4 ord à 4 bit = 64 bit är helt uppenbar. Emellertid gäller $q_4^+ = q_2'$ och för denna behöver inte ROMet utnyttjas. Alltså är en lösning med 2^4 ord à 3 bit möjlig. För att förhindra att nätet hänger sig vid spänningstillslag kan man i minnescellerna markerade med * t.ex. skriva in <001>. Nätet blir:

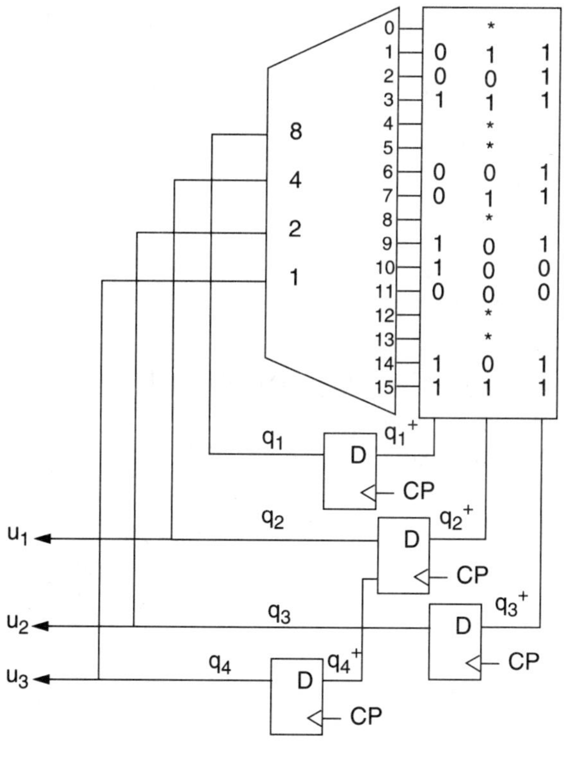

10.13 Kravet att rätt sekvens ska börja genereras efter högst ett klockintervall gör att för $\langle q_1, q_2, q_3\rangle = \langle 111\rangle$ och x = 1 måste $\langle q_1^+, q_2^+, q_3^+\rangle \neq 000$. Detta ger exempelvis följande graf

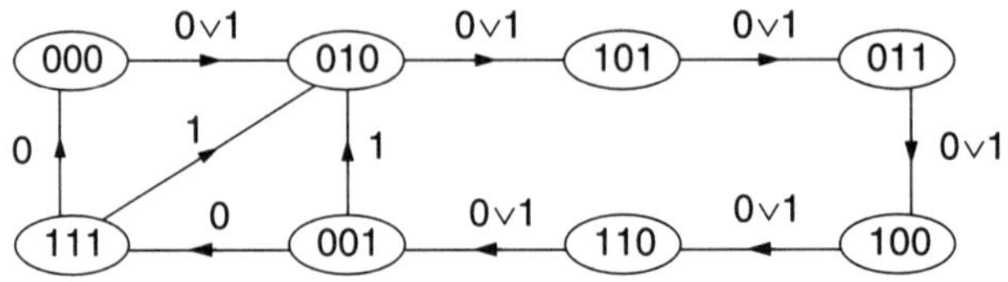

Flödestabellen:

x	q_1	q_2	q_3	q_1^+	q_2^+	q_3^+	J_1	K_1	J_2	K_2	J_3	K_3
0	0	0	0	0	1	0	0	–	1	–	0	–
0	0	0	1	1	1	1	1	–	1	–	–	0
0	0	1	0	1	0	1	1	–	–	1	1	–
0	0	1	1	1	0	0	1	–	–	1	–	1
0	1	0	0	1	1	0	–	0	1	–	0	–
0	1	0	1	0	1	1	–	1	1	–	–	0
0	1	1	0	0	0	1	–	1	–	1	1	–
0	1	1	1	0	0	0	–	1	–	1	–	1
1	0	0	0	0	1	0	0	–	1	–	0	–
1	0	0	1	0	1	0	0	–	1	–	–	1
1	0	1	0	1	0	1	1	–	–	1	1	–
1	0	1	1	1	0	0	1	–	–	1	–	1
1	1	0	0	1	1	0	–	0	1	–	0	–
1	1	0	1	0	1	1	–	1	1	–	–	0
1	1	1	0	0	0	1	–	1	–	1	1	–
1	1	1	1	0	1	0	–	1	–	0	–	1

Vilket ger:

$J_1 = q_2 + x'q_3 = (q_2' \cdot (xq_3)')'$ $\quad J_2 = 1 \quad J_3 = q_2$

$K_1 = q_2 + q_3 = (q_2'q_3')'$ $\quad K_2 = (xq_1q_3)'$

$K_3 = q_2 + xq_1' = (q_2' \cdot (xq_1')')'$

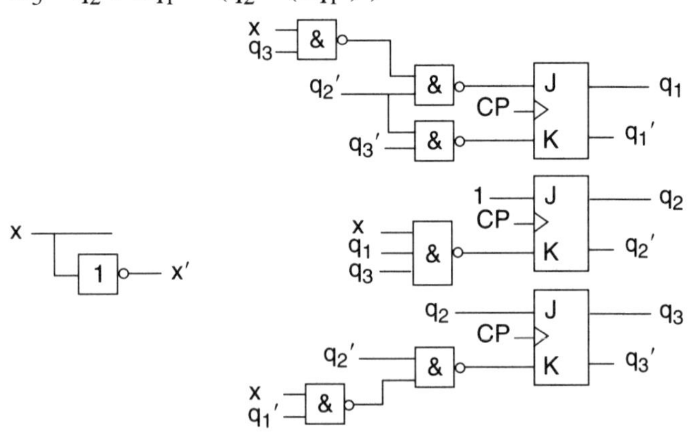

10.14 Snurran startas och stoppas genom nedanstående koppling. Denna ger på tillståndvipporna $T_i = 0$ när $s = 0$. Snurran står då stilla. Insignalen s måste synkroniseras, vilket sker med den vänstra T-vippan. Denna har konverterats till en D-vippa enligt $T = D \oplus q$. Insignalerna a och b behöver inte synkroniseras eftersom de bara ändras när snurran står stilla.

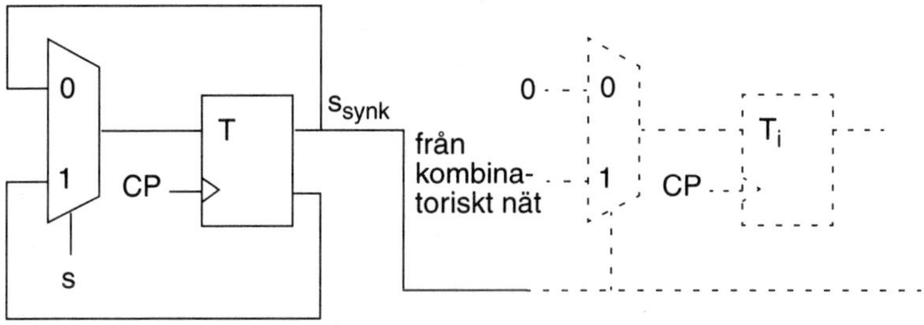

Graf och flödestabell när snurran går:

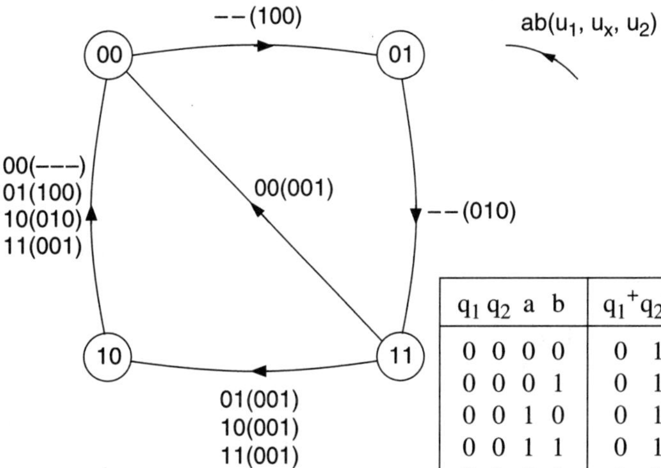

$q_1\ q_2$ a b	$q_1^+ q_2^+$	$T_1\ T_2$	$u_1\ u_x\ u_2$
0 0 0 0	0 1	0 1	1 0 0
0 0 0 1	0 1	0 1	1 0 0
0 0 1 0	0 1	0 1	1 0 0
0 0 1 1	0 1	0 1	1 0 0
0 1 0 0	1 1	1 0	0 1 0
0 1 0 1	1 1	1 0	0 1 0
0 1 1 0	1 1	1 0	0 1 0
0 1 1 1	1 1	1 0	0 1 0
1 0 0 0	0 0	1 0	– – –
1 0 0 1	0 0	1 0	1 0 0
1 0 1 0	0 0	1 0	0 1 0
1 0 1 1	0 0	1 0	0 0 1
1 1 0 0	0 0	1 1	0 0 1
1 1 0 1	1 0	0 1	0 0 1
1 1 1 0	1 0	0 1	0 0 1
1 1 1 1	1 0	0 1	0 0 1

Vi låter q_1q_2 styra 4/1-multiplexrarna:

q_1 q_2	T_1 T_2	u_1 u_x u_2
0 0	0 1	1 0 0
0 1	1 0	0 1 0
1 0	1 0	a′ b′ ab
1 1	a′b′ 1	0 0 1

Realiseringen blir:

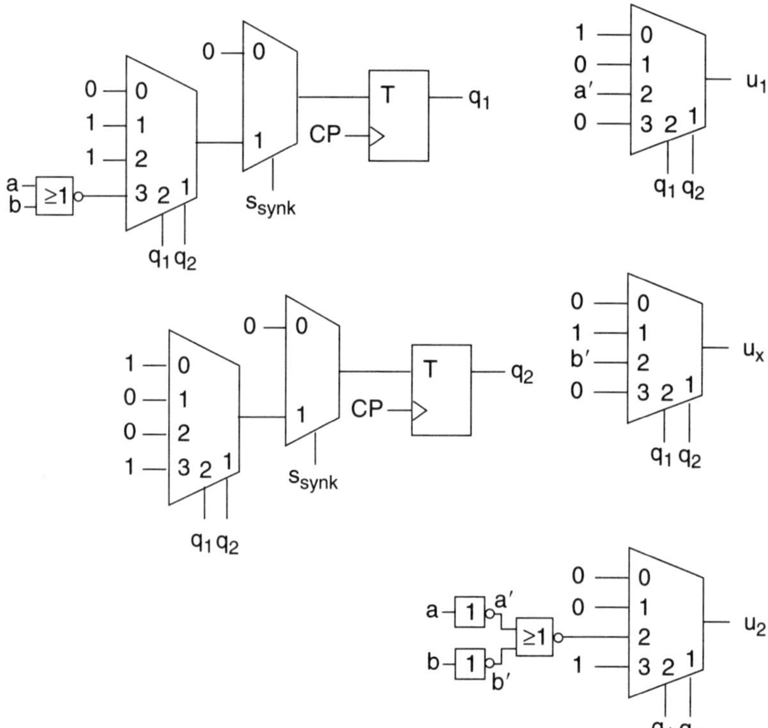

10.15 Medurs rotation: xy = 00, 01, 11, 10, 00, ….

Moturs rotation: xy = 00, 10, 11, 01, 00, …

där varje kombination inträffar under flera klockintervall.

Enligt problemformuleringen räcker det att känna av rotationen en gång per varv. Medurs rotation kännetecknas då t.ex. av att 00 följs av 01, emedan 00 följs av 10 för moturs rotation. Vi får lösningen (x och y måste synkroniseras):

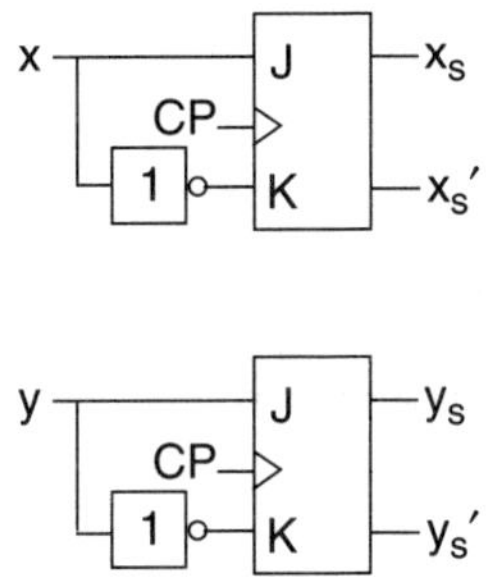

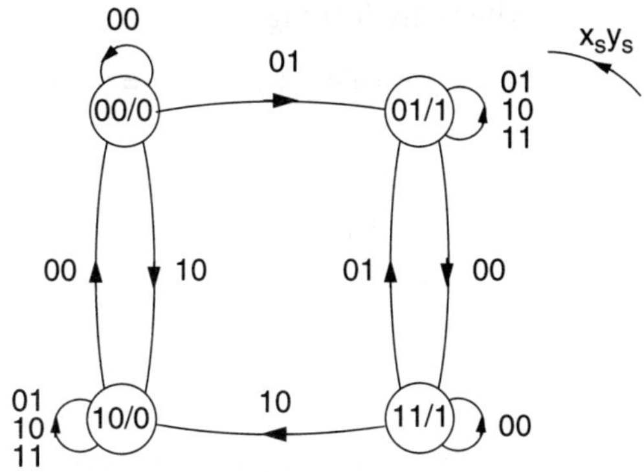

$q_1\ q_2\ x\ y$	$q_1^+q_2^+$	$J_1\ K_1$	$J_2\ K_2$
0 0 0 0	0 0	0 –	0 –
0 0 0 1	0 1	0 –	1 –
0 0 1 0	1 0	1 –	0 –
0 0 1 1	– –	– –	– –
0 1 0 0	1 1	1 –	– 0
0 1 0 1	0 1	0 –	– 0
0 1 1 0	0 1	0 –	– 0
0 1 1 1	0 1	0 –	– 0
1 0 0 0	0 0	– 1	0 –
1 0 0 1	1 0	– 0	0 –
1 0 1 0	1 0	– 0	0 –
1 0 1 1	1 0	– 0	0 –
1 1 0 0	1 1	– 0	– 0
1 1 0 1	0 1	– 1	– 0
1 1 1 0	1 0	– 0	– 1
1 1 1 1	– –	– –	– –

Vi får:

$J_1 = (y_s + (q_2 + x_s)' + (q_2' + x_s')')'$ $\quad J_2 = (q_1 + y_s')'$

$K_1 = (x_s + (q_2 + y_s')' + (q_2' + y_s)')'$ $\quad K_2 = (q_1' + x_s')'$

$u = q_2$

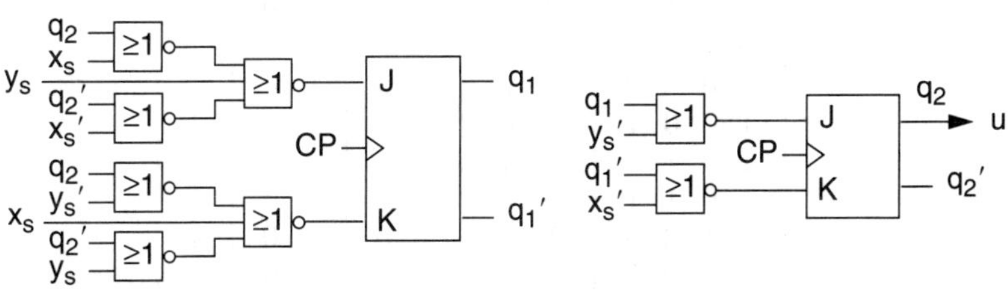

Alternativ lösning:

När x går från 0 till 1 är u = y, vilket ger

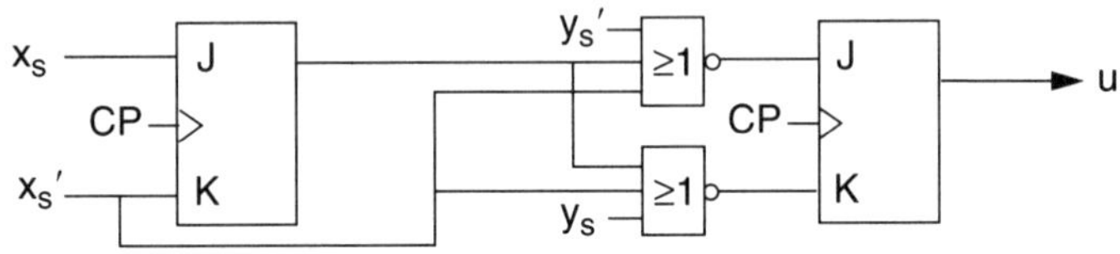

10.16 Passage in ger $x_A x_B$ = 10 och passage ut ger $x_A x_B$ = 01, båda under flera klockpulsintervall. Grafen ges av:

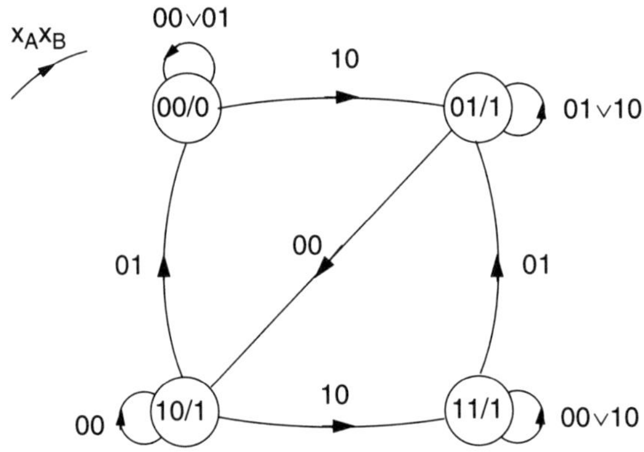

Flödestabell:

$q_1\, q_2\, x_A\, x_B$	$q_1^+ q_2^+$	$J_1\, K_1$	$J_2\, K_2$	u
0 0 0 0	0 0	0 –	0 –	0
0 0 0 1	0 0	0 –	0 –	0
0 0 1 0	0 1	0 –	1 –	0
0 0 1 1	– –	– –	– –	–
0 1 0 0	1 0	1 –	– 1	1
0 1 0 1	0 1	0 –	– 0	1
0 1 1 0	0 1	0 –	– 0	1
0 1 1 1	– –	– –	– –	–
1 0 0 0	1 0	– 0	0 –	1
1 0 0 1	0 0	– 1	0 –	1
1 0 1 0	1 1	– 0	1 –	1
1 0 1 1	– –	– –	– –	–
1 1 0 0	1 1	– 0	– 0	1
1 1 0 1	0 1	– 1	– 0	1
1 1 1 0	1 1	– 0	– 0	1
1 1 1 1	– –	– –	– –	–

Ekvationerna blir:

$$J_1 = q_1'q_2x_A'x_B' \qquad J_2 = x_A$$
$$K_1 = x_B \qquad K_2 = J_1$$
$$u = q_1 + q_2$$

vilka realiseras enligt

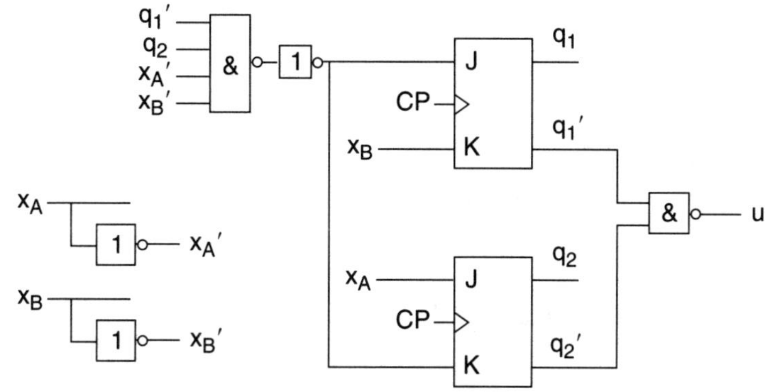

10.17 Med omkopplaren i läge 0 får vi det ekvivalenta nätet

a)

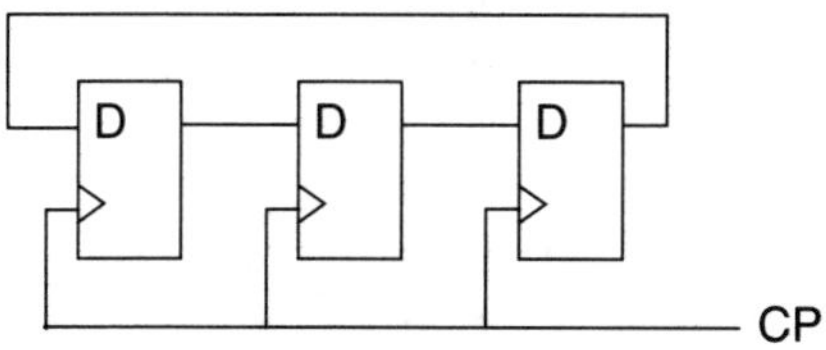

vilket har tillståndsgrafen:

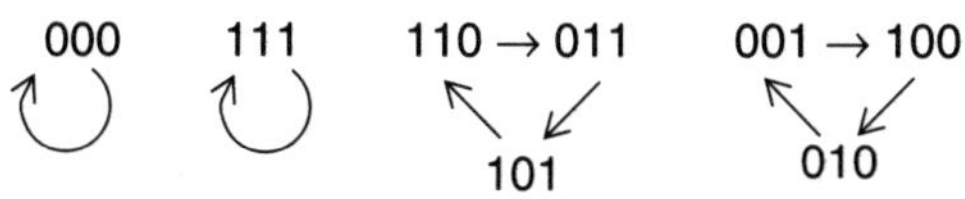

Genererade sekvenser är alltså:

$$u_1(t) = 0$$
$$u_2(t) = 1$$
$$u_3(t) = 011011 \ldots$$
$$u_4(t) = 100100 \ldots$$

Med omkopplaren i läge 1 ger motsvarande resonemang:

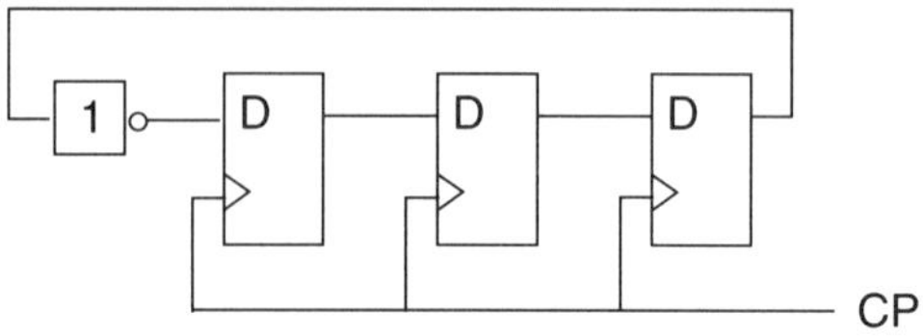

$$\begin{array}{ccccc} 000 & \rightarrow & 100 & \rightarrow & 110 \\ \uparrow & & & & \downarrow \\ 001 & \leftarrow & 011 & \leftarrow & 111 \end{array} \qquad 010 \leftrightarrows 101$$

$u_5(t) = 000111000 \ldots$
$u_6(t) = 0101 \ldots$

b) $u_1(t) = 0$, $u_2(t) = 1$, $u_4(t) = u_3'(t)$

Sätt $u_5(t) = q_1$, $u_3(t) = q_2$, $u_6(t) = q_3$, $u_4(t) = q_2'$ och lös dessa sekvenser enligt

$q_1\ q_2\ q_3$	$q_1^+ q_2^+ q_3^+$	$T_1\ T_2\ T_3$
0 0 0	0 1 1	0 1 1
0 1 1	0 1 0	0 0 1
0 1 0	1 0 1	1 1 1
1 0 1	1 1 0	0 1 1
1 1 0	1 1 1	0 0 1
1 1 1	0 0 0	1 1 1

$T_1 = q_1 \oplus q_2 \oplus q_3$
$T_2 = (q_1 \oplus q_3)'$
$T_3 = 1$

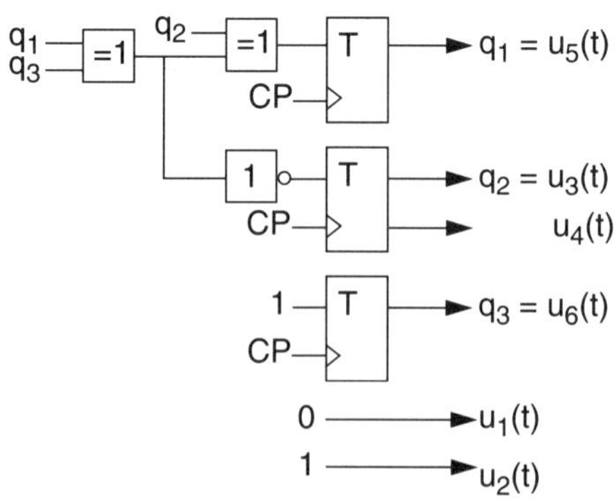

c) Oberoende av starttillstånd ska sekvensen $u_5(t)$ genereras. Det kombinatoriska nätet ska för $\langle q_1, q_2, q_3\rangle = \langle 000\rangle, \langle 100\rangle, \langle 110\rangle, \langle 111\rangle, \langle 011\rangle, \langle 001\rangle$ ha utsignalen = 1 medan det åtminstone för endera av $\langle q_1, q_2, q_3\rangle = \langle 010\rangle, \langle 101\rangle$ måste ha utsignalen = 0.

u = 0 för $\langle q_1,q_2, q_3\rangle = \langle 101\rangle$ och u = 1 f.ö. ger $u = (q_1\, q_2'\, q_3)'$

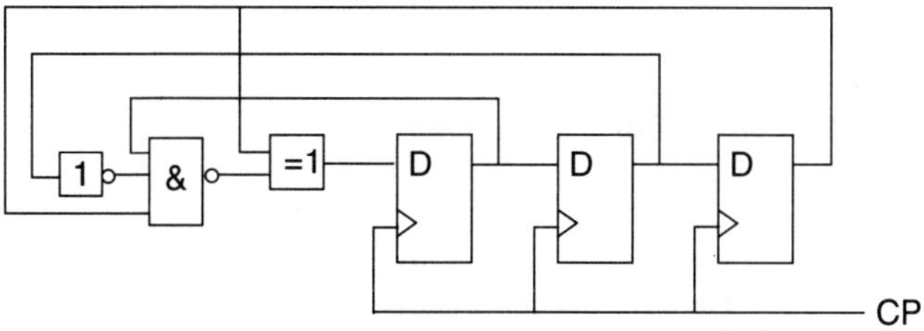

11 Speciella synkrona sekvensnät

11.1 Flödestabellen blir

	δ			x = 0			x = 1		
0	0	0	0	0	0	0	0	0	1
1	0	0	1	0	0	1	0	1	0
2	0	1	0	0	1	0	0	1	1
3	0	1	1	0	1	1	1	0	0
4	1	0	0	1	0	0	1	0	1
5	1	0	1	1	0	1	1	1	0
6	1	1	0	1	1	0	0	0	0
	q_1	q_2	q_3	q_1^+	q_2^+	q_3^+	q_1^+	q_2^+	q_3^+

SR-vippor

Ur flödestabellen erhålls Karnaughdiagrammen

S_1

q_1q_2 \ q_3x	00	01	11	10
00	0	0	0	0
01	0	0	1	0
11	–	0	–	–
10	–	–	–	–

S_2

q_1q_2 \ q_3x	00	01	11	10
00	0	0	1	0
01	–	–	0	–
11	–	0	–	–
10	0	0	1	0

S_3

q_1q_2 \ q_3x	00	01	11	10
00	0	1	0	–
01	0	1	0	–
11	0	0	–	–
10	0	1	0	–

R_1

q_1q_2 \ q_3x	00	01	11	10
00	–	–	–	–
01	–	–	0	–
11	0	1	–	–
10	0	0	0	0

R_2

q_1q_2 \ q_3x	00	01	11	10
00	–	–	0	–
01	0	0	1	0
11	0	1	–	–
10	–	–	0	–

R_3

q_1q_2 \ q_3x	00	01	11	10
00	–	0	1	0
01	–	0	1	0
11	–	–	–	–
10	–	0	1	0

Ur Karnaughdiagrammen erhålls

$S_1 = q_2q_3x$ $\quad$ $R_1 = q_1q_2x$

$S_2 = q_2'q_3x$ $\quad$ $R_2 = q_1q_2x + q_2q_3x$

$S_3 = q_2'q_3'x + q_1'q_3'x$ $\quad$ $R_3 = q_2'q_3x + q_2q_3x$

(alternativt kan R_3 realiseras som $R_3 = q_3x$)

T-vippor

Ur flödestabellen erhålls Karnaughdiagrammen

T_1:

0	0	0	0
0	0	1	0
0	1	–	–
0	0	0	0

T_2:

0	0	1	0
0	0	1	0
0	1	–	–
0	0	1	0

T_3:

0	1	1	0
0	1	1	0
0	0	–	–
0	1	1	0

Ur Karnaughdiagrammen erhålls

$T_1 = q_1q_2x + q_2q_3x$

$T_2 = q_1q_2x + q_3x$

$T_3 = q_2'x + q_1'x$

JK-vippor

Ur flödestabellen erhålls Karnaughdiagrammen

J_1:

q_1q_2 \ q_3x	00	01	11	10
00	0	0	0	0
01	0	0	1	0
11	–	–	–	–
10	–	–	–	–

J_2:

0	0	1	0
–	–	–	–
–	–	–	–
0	0	1	0

J_3:

0	1	–	–
0	1	–	–
0	0	–	–
0	1	–	–

K_1:

–	–	–	–
–	–	–	–
0	1	–	–
0	0	0	0

K_2:

–	–	–	–
0	0	1	0
0	1	–	–
–	–	–	–

K_3:

–	–	1	0
–	–	1	0
–	–	–	–
–	–	1	0

Ur Karnaughdiagrammen erhålls

$J_1 = q_2q_3x$ $\quad$ $K_1 = q_1q_2x$

$J_2 = q_3x$ $\quad$ $K_2 = q_1q_2x + q_3x$

$J_3 = q_2'x + q_1'x$ $\quad$ $K_3 = x$

11.2 Flödestabell och Karnaughdiagram blir

	δ							
	q_1	q_2	q_3	q_4	q_1^+	q_2^+	q_3^+	q_4^+
1	0	0	1	1	0	1	0	0
2	0	1	0	0	0	1	0	1
3	0	1	0	1	0	1	1	0
4	0	1	1	0	0	1	1	1
5	0	1	1	1	1	0	0	0
6	1	0	0	0	1	0	0	1
7	1	0	0	1	1	0	1	0
8	1	0	1	0	1	0	1	1
9	1	0	1	1	1	1	0	0
10	1	1	0	0	0	0	1	1

Ur Karnaughdiagrammen erhålls

$J_1 = q_2q_3q_4$ $\quad$ $K_1 = q_2$

$J_2 = q_3q_4$ $\quad$ $K_2 = q_1 + q_3q_4$

$J_3 = q_4 + q_1q_2$ $\quad$ $K_3 = q_4$

$J_4 = 1$ $\quad$ $K_4 = 1$

Räknaren får följande utseende (som framgår nedan har vi realiserat J_4 och K_4 som $J_4 = q_4$ och $K_4 = q_4$ i stället för $J_4 = K_4 = 1$. Dessa realiseringar är som synes i Karnaughdiagrammen helt ekvivalenta).

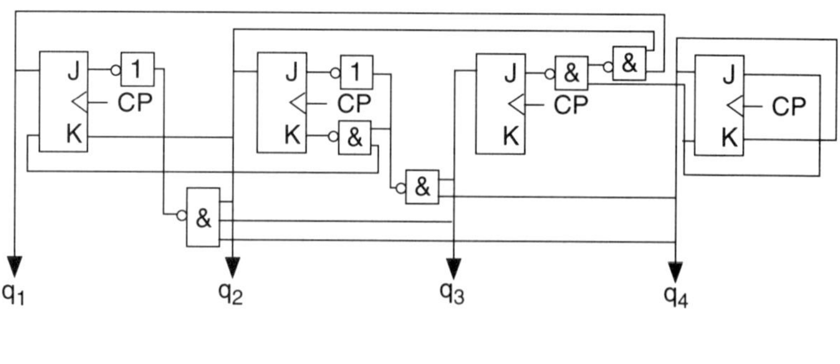

11.3 Låt oss beteckna de inkommande fram- och backvillkoren till räknarens första dekad med F_1 respektive och B_1. Carrysignalerna till nästa dekad betecknas F_2, B_2 o.s.v. Trots att det inte nämns i texten antar vi att $F_1 = B_1 = 1$ aldrig uppträder. Ett blockschema för räknaren får då nedanstående utseende.

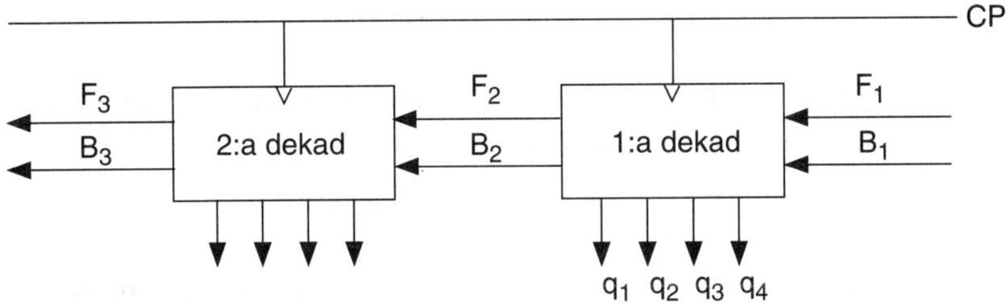

Varje dekad är alltså ett sekvensnät vars kombinatorik har inte mindre än sex insignaler F_1, B_1, q_1, q_2, q_3, q_4. För att inte konstruktionsarbetet ska bli för betungande härleder vi fram- och backfunktionen var för sig.

Framräkningsfunktionen kan vi hämta ur Digital teknik kapitel 11.1. J- och K-villkoren blir

$J_1 = q_2q_3q_4$ $\qquad K_1 = q_4$

$J_2 = q_3q_4$ $\qquad K_2 = q_3q_4$

$J_3 = q_1'q_4$ $\qquad K_3 = q_4$

$J_4 = 1$ $\qquad K_4 = 1$

Backräkningsfunktionen fås ur nedanstående tabell

$q_1\ q_2\ q_3\ q_4$	$q_1^+q_2^+q_3^+q_4^+$	$J_1\ K_1$	$J_2\ K_2$	$J_3\ K_3$	$J_4\ K_4$
0 0 0 0	1 0 0 1	1 –	0 –	0 –	1 –
0 0 0 1	0 0 0 0	0 –	0 –	0 –	– 1
0 0 1 0	0 0 0 1	0 –	0 –	– 1	1 –
0 0 1 1	0 0 1 0	0 –	0 –	– 0	– 1
0 1 0 0	0 0 1 1	0 –	– 1	1 –	1 –
0 1 0 1	0 1 0 0	0 –	– 0	0 –	– 1
0 1 1 0	0 1 0 1	0 –	– 0	– 1	1 –
0 1 1 1	0 1 1 0	0 –	– 0	– 0	– 1
1 0 0 0	0 1 1 1	– 1	1 –	1 –	1 –
1 0 0 1	1 0 0 0	– 0	0 –	0 –	– 1

Med hjälp av Karnaughdiagram vars uppritande överlåtes åt läsaren erhålls följande funktionsuttryck.

$$J_1 = q_2'q_3'q_4' \qquad K_1 = q_4'$$
$$J_2 = q_1q_4' \qquad K_2 = q_3'q_4'$$
$$J_3 = q_1q_4' + q_2q_4' \qquad K_3 = q_4'$$
$$J_4 = 1 \qquad K_4 = 1$$

De totala funktionerna för exempelvis J_3 kan nu sättas samman till ett disjunktivt uttryck enligt

$$J_3 = F_1q_1'q_4 + B_1q_1q_4' + B_1q_2q_4'$$

Funktionerna blir relativt enkla och något försök till en mera sofistikerad användning av trådade grindar synes inte meningsfull.

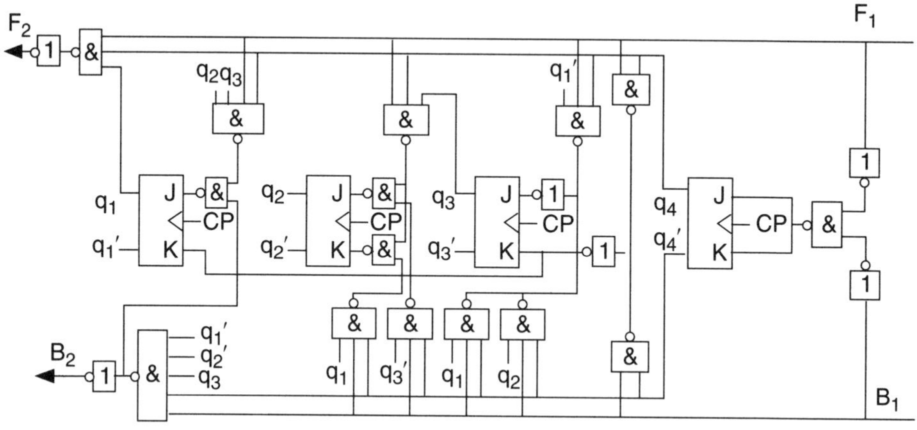

För framåträkning ska gälla att nästa dekad får framräkningsorder ($F_2 = 1$) då 1:a dekaden står i tillstånd 9 (och alltså går till 0 i nästa klockpulsintervall). Härav följer att $F_2 = q_1q_4F_1$. På samma sätt inses att $B_2 = q_1'q_2'q_3'q_4'B_1$. Detta senare uttryck kan också användas för J_1-funktionen i stället för det något enklare $q_2'q_3'q_4'B_1$.

11.4

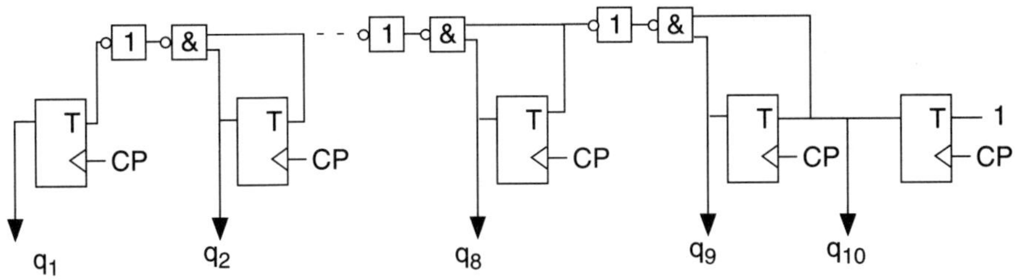

För klockpulsintervallet t_{CP} måste gälla att

$$t_{CP} > t_{pd} + t_{su} + t_k$$

där t_k är fördröjningstiden i det kombinatoriska nätet mellan vippa nr 10 och vippa nr 1.

I detta fall blir

$$t_{pd} = 40 \text{ ns}$$
$$t_{su} = 20 \text{ ns}$$
$$t_k = 8 \cdot 10 = 80 \text{ ns}$$
$$t_{CP} > t_{pd} + t_{su} + t_k = 40 + 20 + 80 = 140 \text{ ns}$$

För klockpulsfrekvensen $f_{CP} = \dfrac{1}{t_{CP}}$ gäller således

$$f_{CP} = \frac{1}{t_{CP}} < \frac{1000}{140} = 7{,}1 \text{ MHz}$$

Signifikant information kan avläsas under en del av klockpulsintervallet motsvarande

$$t_{CP} - t_{pd} = t_{CP} - 40 \text{ ns}$$

11.5

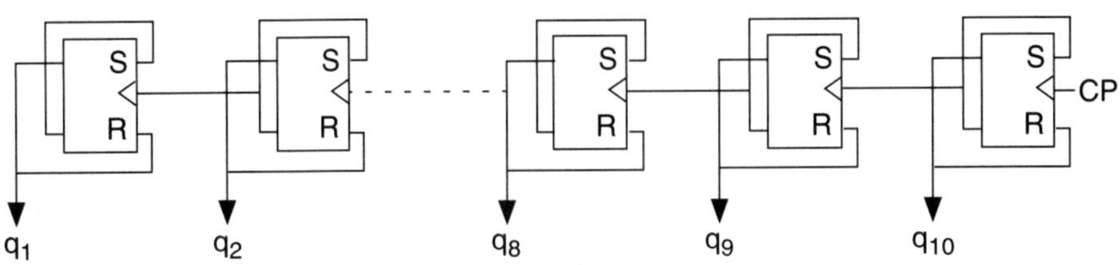

För att signifikant information ska kunna avläsas under någon del av klockpulsintervallet t_{CP} fordras att

$$t_{CP} > t$$

där t är tiden det tar från det att SR-vippa nr 10 klockas till dess att q_1-värdet är utbildat på SR-vippa nr 1.

I detta fall blir

$$t = 10 \cdot t_{pd} = 10 \cdot 40 = 400 \text{ ns}$$
$$t_{CP} > t = 400 \text{ ns}$$

Klockpulsfrekvenserna 20 MHz och 4 MHz ger t_{CP} lika med 50 respektive 250 ns, vilket således innebär att signifikant information inte kan avläsas under någon del av klockpulsintervallet. Klockpulsfrekvensen 1 MHz ger $t_{CP} = 1000$ ns, varför signifikant information kan avläsas under en del av klockpulsintervallet motsvarande

$$t_{CP} - t = 1000 - 400 \text{ ns} = 600 \text{ ns}$$

Maximala klockpulsfrekvensen bestäms av fördröjningstiden (t_{pd}) och set-up-tiden (t_{su}) för SR-vippa nr 10. För klockpulsfrekvensen f_{CP} måste således gälla att

$$f_{CP} < \frac{1}{t_{pd} + t_{su}}$$

I detta fall gäller $f_{CP} < \frac{1000}{60} = 16{,}7$ MHz. Signifikant information kan vid denna frekvens dock inte avläsas under någon del av klockpulsintervallet utan endast när räkningen är avslutad (400 ns efter sista klockpulsen).

11.6 Omvandlingen kan göras i nätet nedan och går till på följande sätt. Först nollställs båda räknarna och binärtalet matas in. Räknarna räknar därefter fram tills binärtalet in överensstämmer med binärtalet från binärräknaren. Komparatorn ger då utsignalen 1 varvid räknevillkoret blir 0 och räknarna stannar.

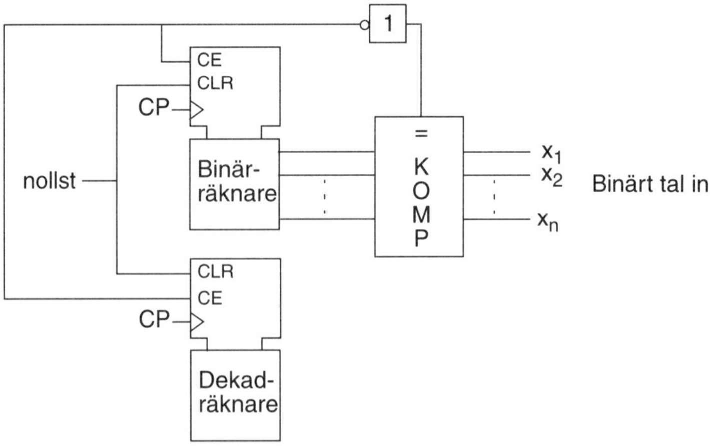

Exempel

Omvandling av binärtal med fyra positioner till NBCD-kod. NBCD-räknaren kan konstrueras av två dekadräknare enligt nedan

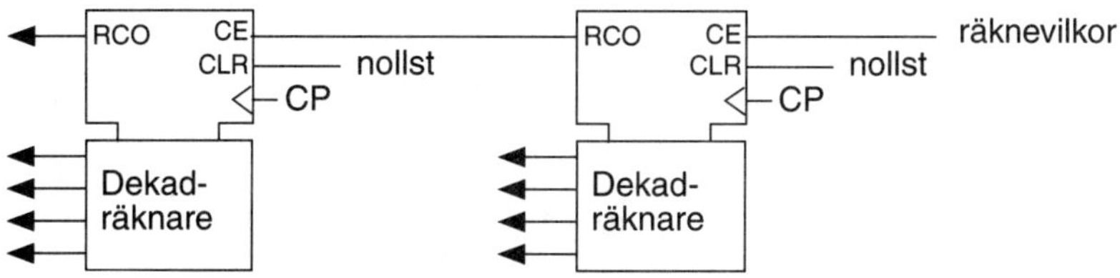

Omvandling av t.ex. binärtalet 1011 till NBCD-kod sker då enligt följande

	binär räknare	NBCD räknare
start	0 0 0 0	0 0 0 0 0 0 0 0
	0 0 0 1	0 0 0 0 0 0 0 1
↓	0 0 1 0	0 0 0 0 0 0 1 0
	0 0 1 1	0 0 0 0 0 0 1 1
	0 1 0 0	0 0 0 0 0 1 0 0
	0 1 0 1	0 0 0 0 0 1 0 1
	0 1 1 0	0 0 0 0 0 1 1 0
	0 1 1 1	0 0 0 0 0 1 1 1
	1 0 0 0	0 0 0 0 1 0 0 0
	1 0 0 1	0 0 0 0 1 0 0 1
	1 0 1 0	0 0 0 1 0 0 0 0
stopp	1 0 1 1	0 0 0 1 0 0 0 1

11.7 Ett korrekt utfört kast genererar insignalsekvensen x_1x_2 = 00, 10, 00, 01, 00, 10, 00.

Ett för lågt kast genererar sekvensen x_1x_2 = 00, 10, 00, 10, 00 eller 00, 10, 00 och ett för högt sekvensen x_1x_2 = 00, 10, 00, 01, 00, 01, 00, 10, 00.

Ingångsvärdena kan uppträda under flera klockpulsintervall.

Lämpligt är att använda en räknare med ingångar för nollställning (CLR) och count enable (CE). Med en viss eftertanke kan nedanstående graf ställas upp. Räknaren nollställs i tillstånd 00 för x_1x_2 = 10. Detta inträffar när bollen passerar x_1 på uppgång men också på nergång om kastet varit för högt.

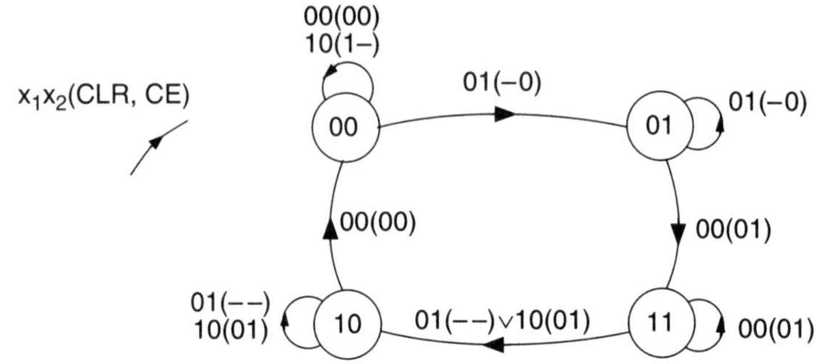

Flödestabell:

q_1 q_2 x_1 x_2	$q_1^+q_2^+$	CLR	CE	J_1 K_1	J_2 K_2
0 0 0 0	0 0	0	0	0 –	0 –
0 0 0 1	0 1	–	0	0 –	1 –
0 0 1 0	0 0	1	–	0 –	0 –
0 0 1 1	– –	–	–	– –	– –
0 1 0 0	1 1	0	1	1 –	– 0
0 1 0 1	0 1	–	0	0 –	– 0
0 1 1 0	– –	–	–	– –	– –
0 1 1 1	– –	–	–	– –	– –
1 0 0 0	0 0	0	0	– 1	0 –
1 0 0 1	1 0	–	–	– 0	0 –
1 0 1 0	1 0	0	1	– 0	0 –
1 0 1 1	– –	–	–	– –	– –
1 1 0 0	1 1	0	1	– 0	– 0
1 1 0 1	1 0	–	–	– 0	– 1
1 1 1 0	1 0	0	1	– 0	– 1
1 1 1 1	– –	–	–	– –	– –

Ekvationerna blir:

$J_1 = q_2x_2'$ $\quad$ $J_2 = q_1'x_2$ $\quad$ $CLR = q_1'x_1$

$K_1 = q_2'x_1'x_2'$ $\quad$ $K_2 = q_1x_2 + x_1$ $\quad$ $CE = q_2x_2' + x_1$

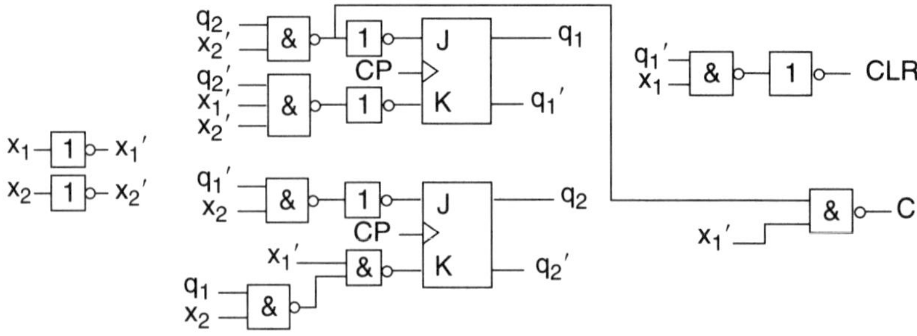

11.8 Ett register (nr 1) används för att minnas det hittills största X-värdet och ett register (nr 2) för att minnas index på det största X-värdet. För varje nytt X-värde ökas räknarens innehåll med 1 (räknaren anger index på nu inkommande X-värde) och det nya X-värdet jämföres med det hittills största. Om det nya X-värdet är större än det hittills största skrivs det in i register 1 och dess index i register 2.

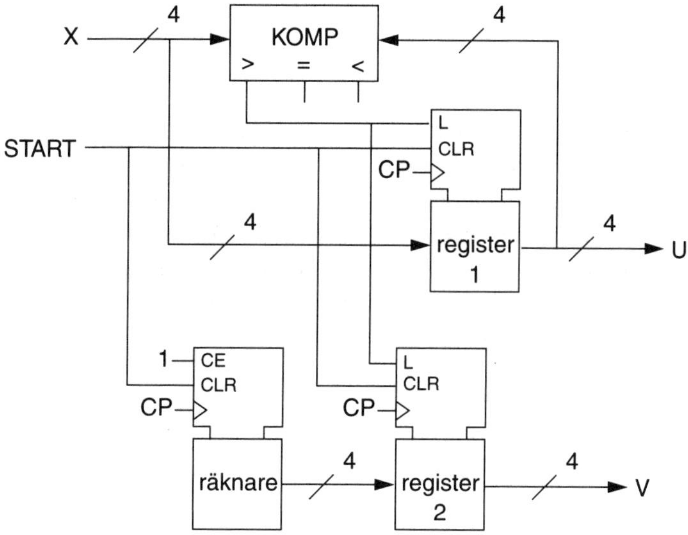

11.9 Synkronisera x_1 och x_2 samt registrera noll-till-ett övergångarna med en puls med varaktigheten ett klockintervall:

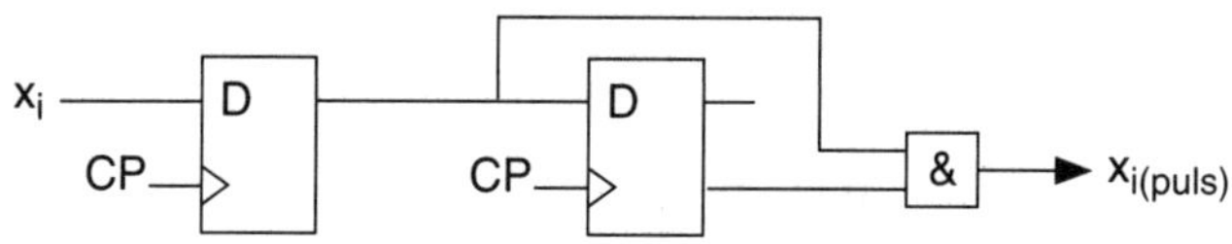

Dessa pulser får styra en reversibel räknare så att denna räknar upp för $x_{1(puls)} = 1$ och ner för $x_{2(puls)} = 1$. När räknaren +2 stoppas band 1 och når räknaren –2 stoppas band 2. (Räknaren nedan räknar uppåt för CE = 1, $\overline{U}$/D = 0 och neråt för CE = 1, $\overline{U}$/D = 1. För CE = 0 står räknaren stilla).

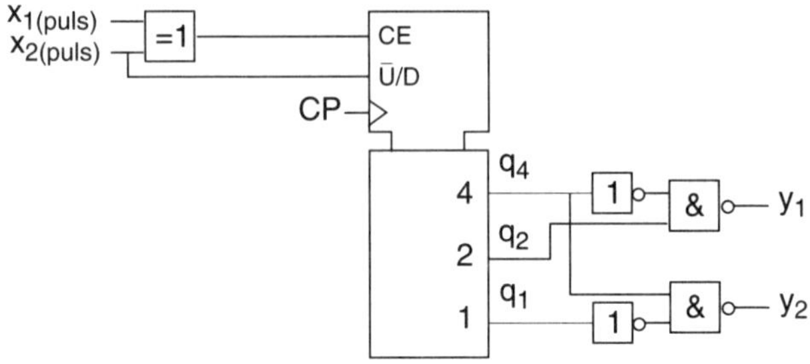

11.10 Grafen nedan ställs upp med följande resonemang. Sekvensnätet startar i tillstånd 00. För insignalerna X = 00 ska ingen uppräkning ske av räknarens innehåll (W = 0) och vi kan omedelbart beställa ett nytt tal X från skiftregistret (V = 1). För X = 01 kan vi också stå kvar i tillstånd 1 men ger V = 1, W = 1 så att räknarens innehåll ökas med 1. För X = 10 och X = 11 ska räknaren stegas fram två respektive tre gånger innan nästa X-värde får uppträda.

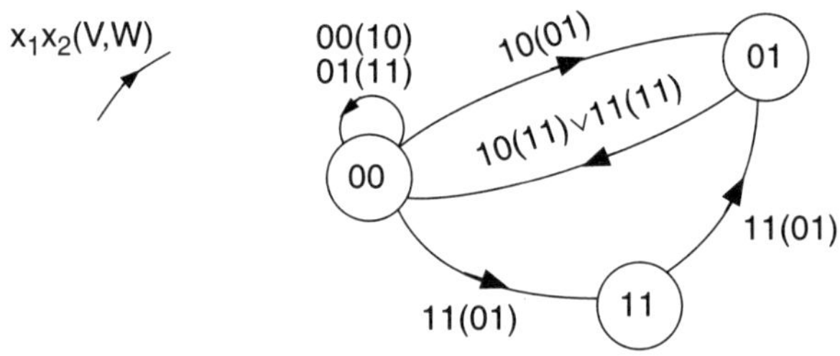

Med kodning enligt graf erhålls flödestabell

$q_1\ q_2\ x_1\ x_2$	$q_1^+q_2^+$	V W	$J_1\ K_1$	$J_2\ K_2$
0 0 0 0	0 0	1 0	0 –	0 –
0 0 0 1	0 0	1 1	0 –	0 –
0 0 1 0	0 1	0 1	0 –	1 –
0 0 1 1	1 1	0 1	1 –	1 –
0 1 1 0	0 0	1 1	0 –	– 1
0 1 1 1	0 0	1 1	0 –	– 1
1 1 1 1	0 1	0 1	– 1	– 0
f.ö.	– –	– –	– –	– –

ur vilken vi härleder

$J_1 = q_2'x_1x_2$ $J_2 = x_1$ $V = x_1' + q_1'q_2$

$K_1 = 1$ $K_2 = q1'$ $W = x_1 + x_2$

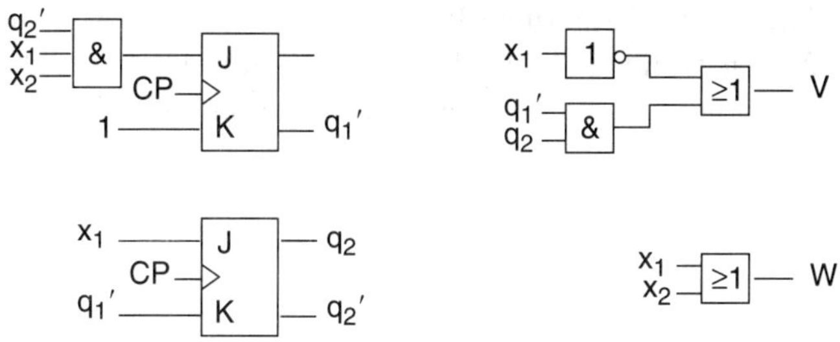

11.11 Vi använder beteckningar enligt nedanstående figur

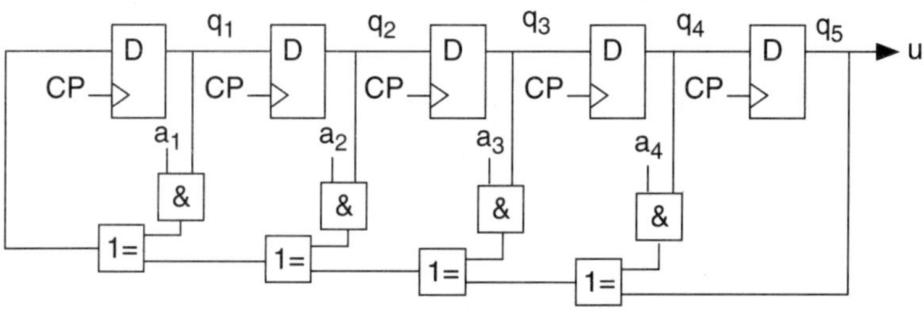

Vi kan resonera oss fram till ett nödvändigt villkor för koefficientvärdena för att en maximalsekvens ska erhållas enligt följande. Låt $q_1 = q_2 = \ldots = q_5 = 1$. Om nu ett jämnt antal av a_1, a_2, a_3 och a_4 är 1 så blir $q_1^+ = 1$, d.v.s. tillståndet 11111 kommer att gå över i tillståndet självt, och sekvensen blir inte maximal. Ett nödvändigt villkor för att maximalsekvens ska erhållas är således att ett udda antal av koefficienterna a_1, a_2, a_3 och a_4 är 1.

Man finner i detta fall att samtliga möjligheter med tre av koefficienterna lika med 1 ger maximalsekvens men endast för två av fyra möjligheter med en av koefficienterna lika med 1. (Observera att villkoret ovan endast var nödvändigt.)

Följande koefficientvärden ger maximalsekvens av längden 31.

$a_1a_2a_3a_4 = 0010$
$a_1a_2a_3a_4 = 0100$
$a_1a_2a_3a_4 = 0111$
$a_1a_2a_3a_4 = 1011$
$a_1a_2a_3a_4 = 1101$
$a_1a_2a_3a_4 = 1110$

11.12 Strålen styrs från ruta till ruta med en autonom 4-bits binärräknare och 2 st D/A-omvandlare och tänds i de rutor där u = 1. Omkodningen från räknarutgångarna till ”Karnaugh-kodning” görs i ett enkelt grindnät.

r_1 r_2 r_3 r_4	a b c d
0 0 0 0	1 0 0 0
0 0 0 1	1 0 0 1
0 0 1 0	1 0 1 1
0 0 1 1	1 0 1 0
0 1 0 0	1 1 0 0
0 1 0 1	1 1 0 1
0 1 1 0	1 1 1 1
0 1 1 1	1 1 1 0
1 0 0 0	0 1 0 0
1 0 0 1	0 1 0 1
1 0 1 0	0 1 1 1
1 0 1 1	0 1 1 0
1 1 0 0	0 0 0 0
1 1 0 1	0 0 0 1
1 1 1 0	0 0 1 1
1 1 1 1	0 0 1 0

$a = r_1'$
$b = r_1 \oplus r_2$
$c = r_3$
$d = r_3 \oplus r_4$

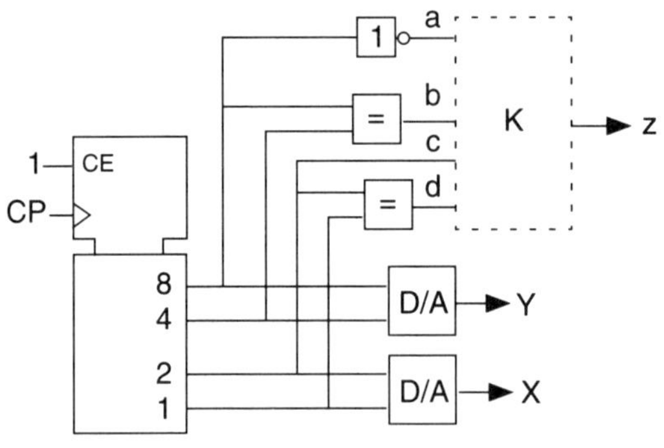

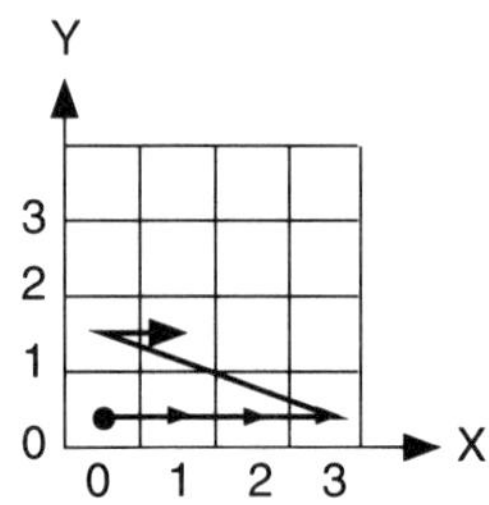

Strålens förflyttning

11.13 Omvandlingen till Excess-3 kod görs genom att addera <0011> till NBCD-koden. Additionen ska göras seriellt och åstadkoms med en heladderarkoppling enligt figur. På heladderarens ena ingång kopplas inversen av en 2-bits binärräknares mest signifikanta bit.

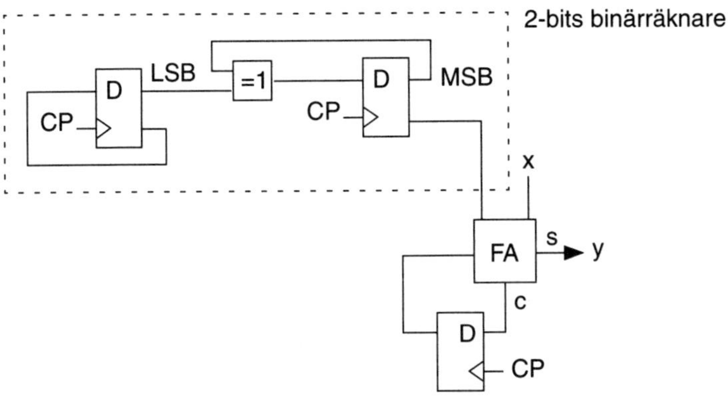

Alternativ

Formell lösning ger följande graf:

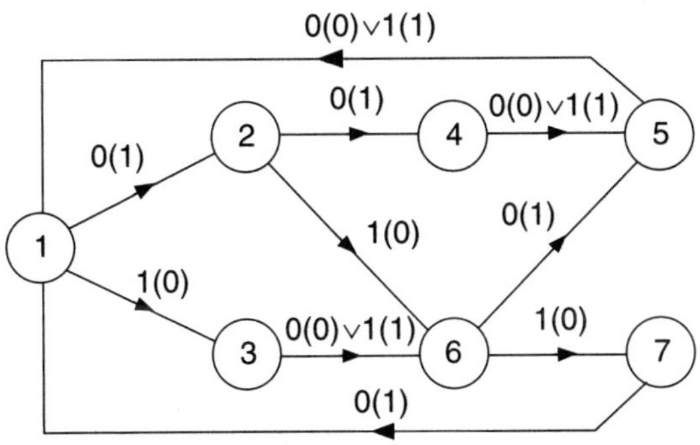

Den fortsatta lösningen (förslagsvis med ROM) överlåts åt läsaren.

11.14 Om vi låter T vara varvtiden hos en autonom binärräknare med n positioner ($T = 2^n/f$, där f = klockfrekvensen) kan vi konstatera att u bör ettställas när räknarinnehållet N = 0 och nollställas när N = X, vilket ger följande lösning. AND-grinden förhindrar problem (S = R = 1) i fallet X = 0.

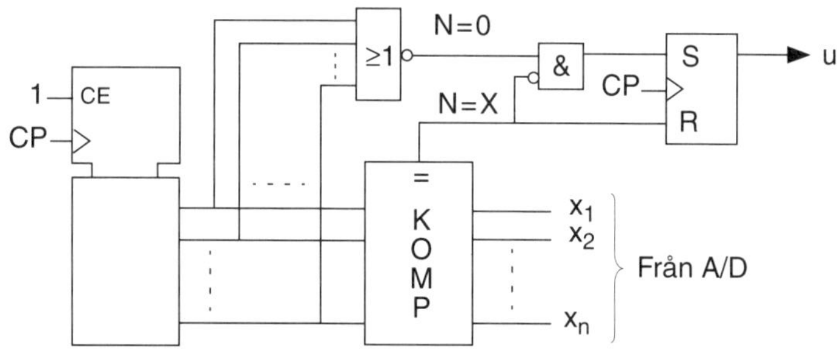

11.15 A/D-omvandlaren levererar ett n-bits binärt tal X. Vi låter en n-bits binärräknare räkna från noll upp till X under det att utsignalen u = 1. I detta räkneläge nollställer vi räknaren och sätter u = 0. Ny räkning (nu med u = 0) upp till X vidtar o.s.v. Varje gång räknaren når räkneläge X ska alltså utsignalen "toggla", m.a.o. är en T-vippa en lämplig komponent.

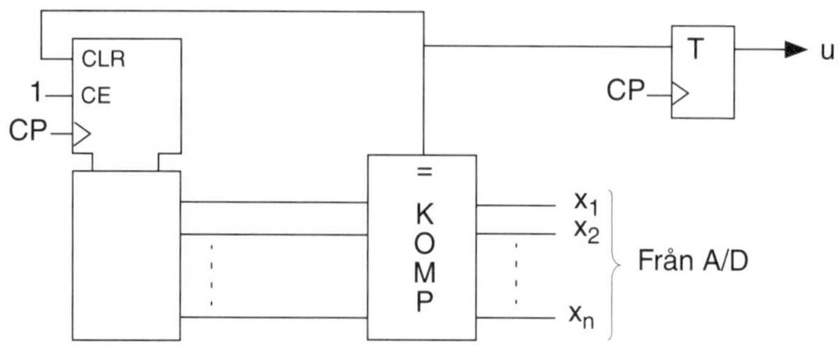

Periodtiden blir (2X + 2)/f, där f är klockans frekvens. Vill man ha en periodtid på 2X/f kan man istället låta utsignalen från komparatorn ladda räknaren med <00 … 01>.

11.16 Betrakta blockschemat:

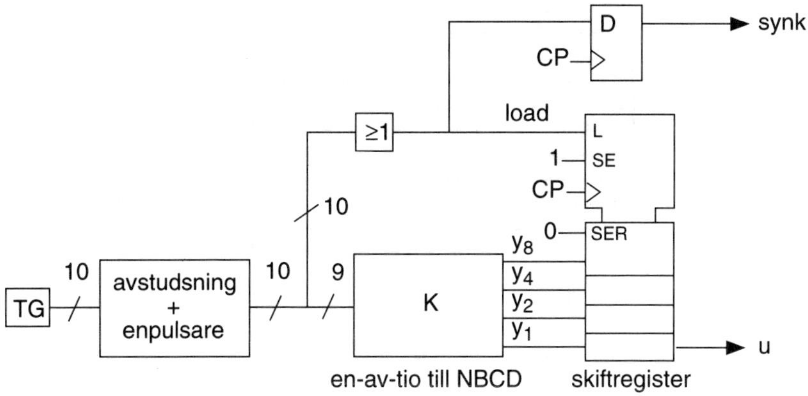

Signalerna från strömbrytarna avstudsas i asynkrona bistabila vippor och ges varaktigheten ett klockintervall. OBS, att avstudsa en kontakt som inte är växlande går normalt inte utan motstånd och kondensatorer. För att inte kontaktstudsarna vid tangentens återgång ska ställa till problem fordrar visad koppling att tangenten släppts innan $r_i = 0$.

I det kombinatoriska nätet omvandlas en-av-tio kod till NBCD-kod vilken laddas in i skiftregistret med laddpuls från någon av de tio "enpulsarna".

Delblocken blir

Avstudsning + enpulsare (10 st):

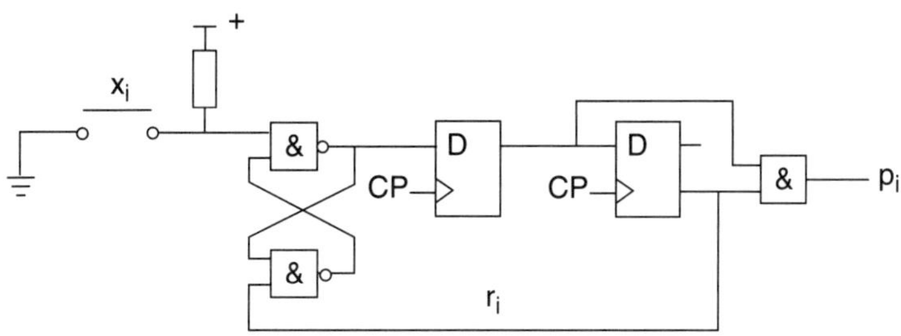

Kombinatoriska nätet (omvandling från en-av-tio kod till NBCD-kod):

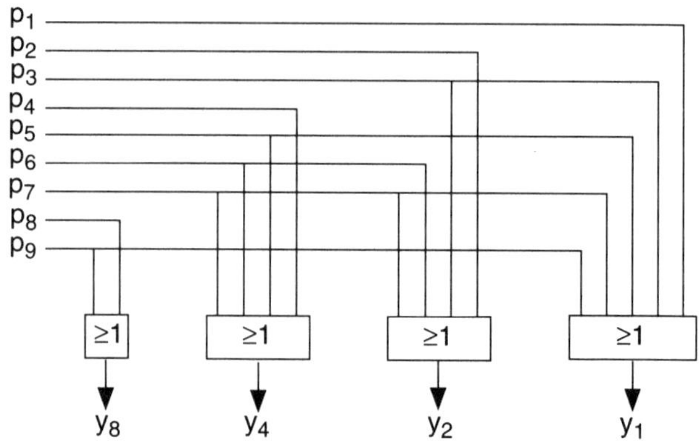

Skiftregistret (konstruktionen förenklas av att vi vet att de tre vänstra vipporna har q = 0 vid load):

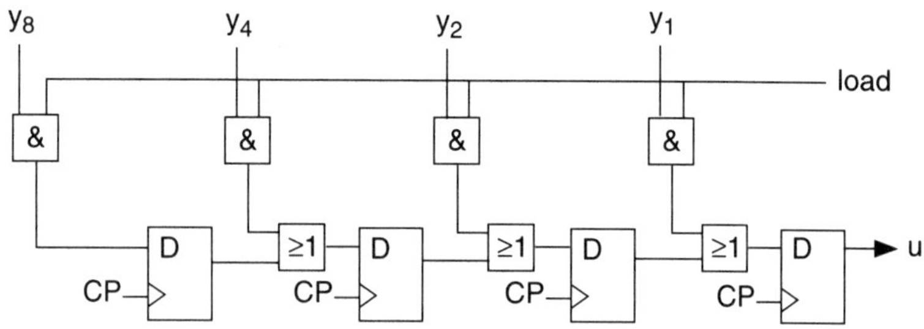

11.17 Vi ger direkt nedanstående schema.

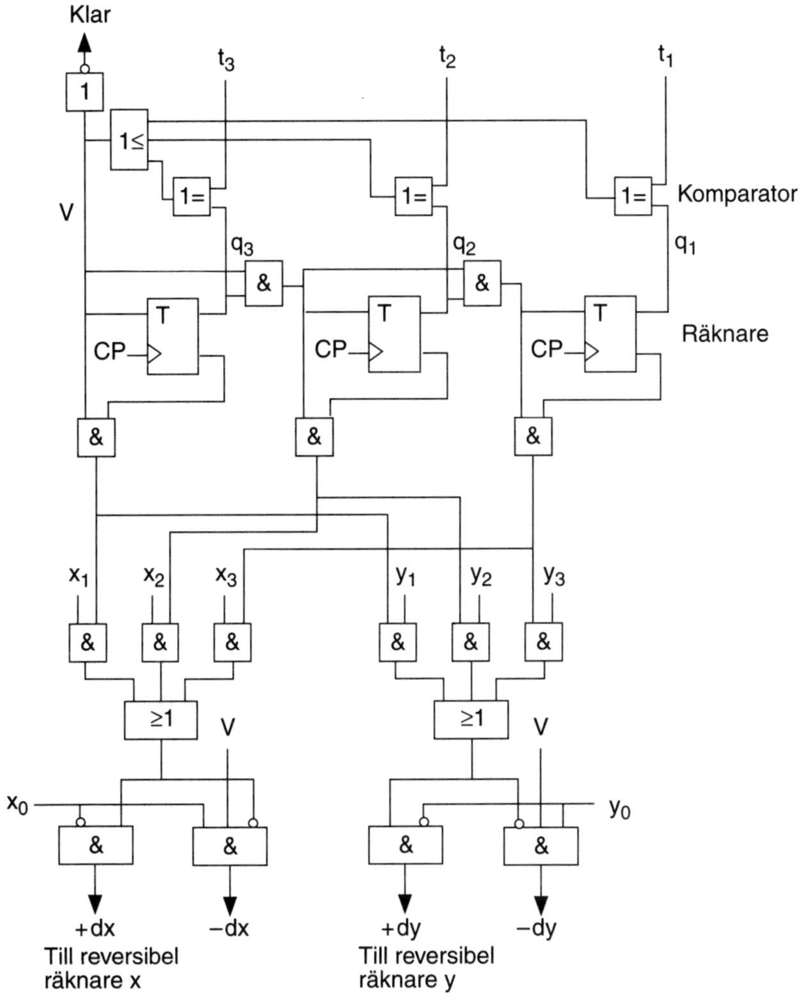

$$t \quad = \langle t_1, t_2, t_3 \rangle$$
$$\sin\varphi = \langle x_0, x_1, x_2, x_3 \rangle$$
$$\cos\varphi = \langle y_0, y_1, y_2, y_3 \rangle$$

Räknarens tillstånd utnyttjas för frekvensmultiplikation av såväl sin φ som cos φ. När räknarens tillstånd överensstämmer med t når sekvensnätet ett stopptillstånd och inga utsignaler dx, dy genereras. En ny linje påbörjas först då nya ingångsvariabler t, sin φ och cos φ levereras varvid dock räknaren måste nollställas av en utifrån kommande signal. För

$x = 3/8 = 0.011$
$y = -7/8 = 1.001$
$t = 7$

erhålls följande utsekvens

	0	1	2	3	4	5	6	7
+dx	0	1	0	1	0	1	0	0
−dx	0	0	0	0	0	0	0	0
+dy	0	0	0	0	0	0	0	0
−dy	1	1	1	0	1	1	1	0
Klar	0	0	0	0	0	0	0	1

Utlagd i xy-planet ger detta nedanstående trappstegskurva. Den räta linjen visar den ideala kurvan.

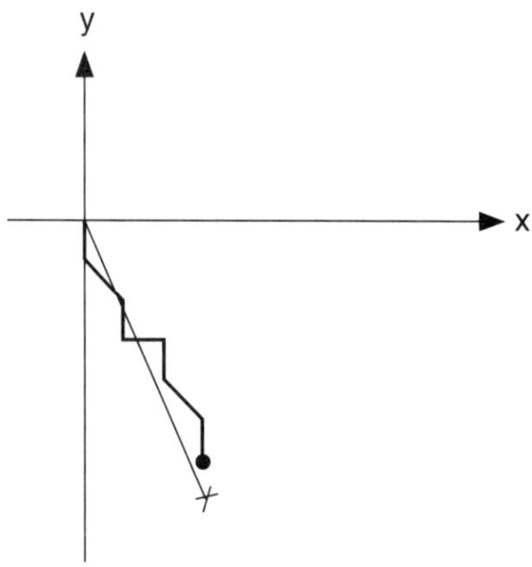

11.18 Kontrollenheten består huvudsakligen av binär frekvensmultiplikation. Storheterna $\dot{X}$ och $\dot{Y}$ är ingångsvariablerna till denna funktion. Se nedanstående schema.

$$\dot{X} = <\dot{x}_1, \dot{x}_2, \dot{x}_3, \dot{x}_4, \dot{x}_5>$$

$$\dot{Y} = <\dot{y}_1, \dot{y}_2, \dot{y}_3, \dot{y}_4, \dot{y}_5>$$

$$X = <x_1, x_2, \ldots, x_{p-1}, x_p>$$
$$Y = <y_1, y_2, \ldots, y_{p-1}, y_p>$$

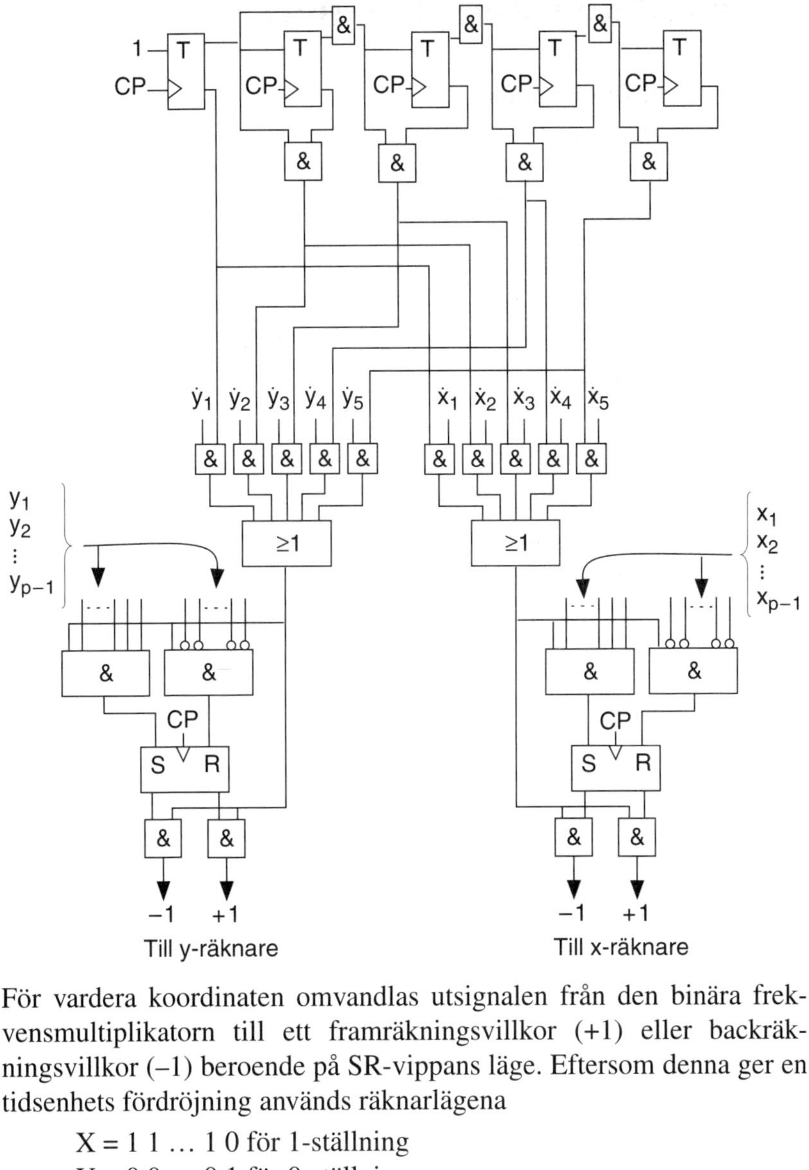

För vardera koordinaten omvandlas utsignalen från den binära frekvensmultiplikatorn till ett framräkningsvillkor (+1) eller backräkningsvillkor (–1) beroende på SR-vippans läge. Eftersom denna ger en tidsenhets fördröjning används räknarlägena

X = 1 1 … 1 0 för 1-ställning
Y = 0 0 … 0 1 för 0-ställning

vilket gör att räknarna når läget 1 1 … 1 1 varefter framräkning byts mot backräkning och 0 0 … 0 0 varefter backräkning byts mot framräkning o.s.v.

Räknaren i frekvensmultiplikatorn förutsättes naturligtvis arbeta synkront med de reversibla räknarna för X och Y.

Studentlitteraturs utgivning – ett urval 9803

Digital- och Datorteknik

Bengtsson, Lennart. Digitala system.

Danielsson, P-E & Bengtsson, L. Digital teknik.*

Cedervall, M & Lindh, G. Digitalteknik.

Dagermo, Per. Datorteknik med inriktning mot 68HC11.

de Sousa Pires, Jorge. Electronics Handbook.

Eklund, Sven. Avancerad datorarkitektur. Mikroprocessorer och parallella datorsystem.

Gustavsson, Anders. Praktisk digitalteknik.

Hemert, Lars-Hugo. Digitala kretsar.

Johannesson, Rolf. Digitalteknik.*

Johansson, Sverker. Datorns tekniska uppbyggnad.

Körnefors, Rune. Mikrodatorer bit för bit.

Lindh, L & Sjöholm, S. VHDL för konstruktion.

Petersson, Gunnar. Optisk datalagring.

Roos, Olof. Grundläggande datorteknik.

Vasell, Jesper. VHDL. En introduktion.

* *arbetsbok finnes*

Elteknik och Elektronik

Benda, Sten. Elektroniska apparater. Minimikrav för industrin inom EU och EFTA.

Benda, Sten. Störningsfri elektronik.

Benda, Sten. Interference-free electronics.

Borgström, Stig m fl. Electricitetslära med tillämpningar.

de Sousa Pires, Jorge. Electronics Handbook.

Haag, Bengt. Industriell systemteknik. Ellära, elektronik och automation.

Hedberg, Rune. Mättekniska system.

Gustavsson, Anders. Praktisk analogteknik. Mätteknik, komponenter och strömförsörjning.

Gustavsson, Anders. Praktisk analogteknik. Förstärkare, filter, oscillatorer.

Gustavsson, Anders. Praktisk analogteknik. Tillämpningar.

Gustavsson, Anders. Praktisk analogteknik. Lösningar.

Gustavsson, Anders. Praktisk elkunskap.

Jeppsson, Kjell. Halvledarteknik.*

ELFA. ELFA-boken. Fakta om elektronik.

Lindahl, Per-Erik. Elkraftteknik.*

Molin, Bengt. Simulering med PSpice och Schematics.

Sjöholm, S & Lindh, L. VHDL för konstruktion.

Thorborg, Kjeld. Power Electronics.

Vasell, Jesper. VHDL. En introduktion.

Åkerlind, Ulla. Elsäkerhet.

* *arbetsbok finnes*

Tele- och Datakommunikation

Ahlin, L & Zander, J. Principles of Wireless Communication.
Ahlin, Lars m fl. Mobil radiokommunikation.
Andersson, Christer m fl. Handboken i tele- och datakommunikation.
Claesson, Ingvar m fl. Analoga kretsar och signaler.*
Emanuelsson, Alf. Signaler och kretsar.
Enstedt, Evert. TV-teknikens grundläggande principer.
Ericsson–Telia. Att förstå telekommunikation 1.
Ericsson–Telia. Att förstå telekommunikation 2.
Ericsson–Telia. Understanding telecommunications 1.
Ericsson–Telia. Understanding telecommunications 2.
Ewert, Magnus. Datakommunikation. Nu och i framtiden.
Johannesson, Rolf. Informationsteori. Grundvalen för telekommunikation.
Körner, Ulf. Köteori och tillförlitlighetsteori.
Karlsson, Gunnar. Modern telekommunikation.
Lundqvist, Hans. Datakommunikation. Från V.24 via OSI till X.25.
Lundqvist, Hans. Nätverk med Novell NetWare och Internet.
Röjne, Mats. Satellit-TV.
Saarelainen, Kari. Lokala nät.
Svärdström, Anders. Modulation och teleteknik.
Svärdström, Anders. Tillämpad signalanalys.
Tell, Robert m fl. Fiberoptisk kommunikationsteknik.
van Tilborg, Henk. Error-correcting Codes. A first course.
Öberg, Tommy. Modulation, demodulation och detektion.

* *arbetsbok finnes*

Styr- och Reglerteknik

Alm, Lars. Styrteknik.*

Bolmsjö, Gunnar S. Industriell robotteknik.*

Bodestedt, Olle. Dictionary. Industrial Automation and Control.

Bodestedt, Olle. Dictionary (Elektronisk version)

Bodestedt, Olle. Svenskt-engelskt/Engelskt-svenskt lexikon (tekniskt).

Cedercreutz, Kettil. Sätt styrsystemen i system. Grunderna i FMS-programmering.

Glad, T & Ljung, L. Reglerteknik. Grundläggande teori.

Glad, T & Ljung, L. Reglerteori. Flervariabla och olinjära metoder.

Haag, Bengt. Industriell systemteknik. Ellära, elektronik och automation.

Hedberg, Rune. Mättekniska system.

Hägglund, Tore. Praktisk processreglering.

Johannesson, Göran. Objektorienterad processautomation med SattLine.

Johannesson, Göran. Object-oriented Process Automation with SattLine.

Lennartson, B & Thomas, B. Analog och digital reglerteknik – övningar

Lindahl, P-E & Sandqvist, W. Mätgivare. Mätning av mekaniska storheter och temperatur.

Lindskog, Peter m.fl. Modellbygge och simulering. Övningsbok.

Ljung, L & Glad, T. Modellbygge och simulering.

Schmidtbauer, Bengt. Analog och digital reglerteknik.

Skarman, Erik. Dynamiska system.

Sundqvist, J & Näslund, R. Reglerteknik. Formelsamling.

** arbetsbok finnes*

CAD och Datorgrafik

Dahlén, F & Johansson, L G. Solidmodellering med Pro/ENGINEER.

Hansson, Pål m fl. Kom igång med AutoCAD 2D Release 12.

Hansson, Pål m fl. Kom igång med AutoCAD 3D Release 12.

Hansson, Pål m fl. Kom igång med AutoCAD 2D Release 13 för DOS.

Hansson, Pål m fl. Kom igång med AutoCAD 2D Release 13 för Windows.

Hansson, Pål m fl. Kom igång med AutoCAD 2D Release 13 för Windows 95.

Hansson, Pål m fl. Kom igång med AutoCAD 3D Release 13 för Windows.

Hansson, Pål m fl. Kom igång med AutoCAD – Systemutveckling.

Hansson, Pål m fl. Kom igång med AutoCAD – Systemutveckling för Windows 95.

Hansson, Pål m fl. Kom igång med AutoCAD LT.

Hansson, Pål m fl. Kom igång med AutoCAD LT R3 för Windows 95.

Krokstäde, Per m fl. Kom igång med 3D Studio.

Krokstäde, Per m fl. Kom igång med 3D Studio MAX.

Krokstäde, Per m fl. Kom igång med 3D Studio VIZ.

Löwgren, Jonas. Human-computer Interaction.

Magnhagen, Bengt. Konstruktionsmetoder för testbar elektronik.

Pärletun, L G m fl. Datorgrafik och CAD-teknik.